新时代
技术
新未来

Python for
Data Analysis

深入浅出Python数据分析

张维元——编著

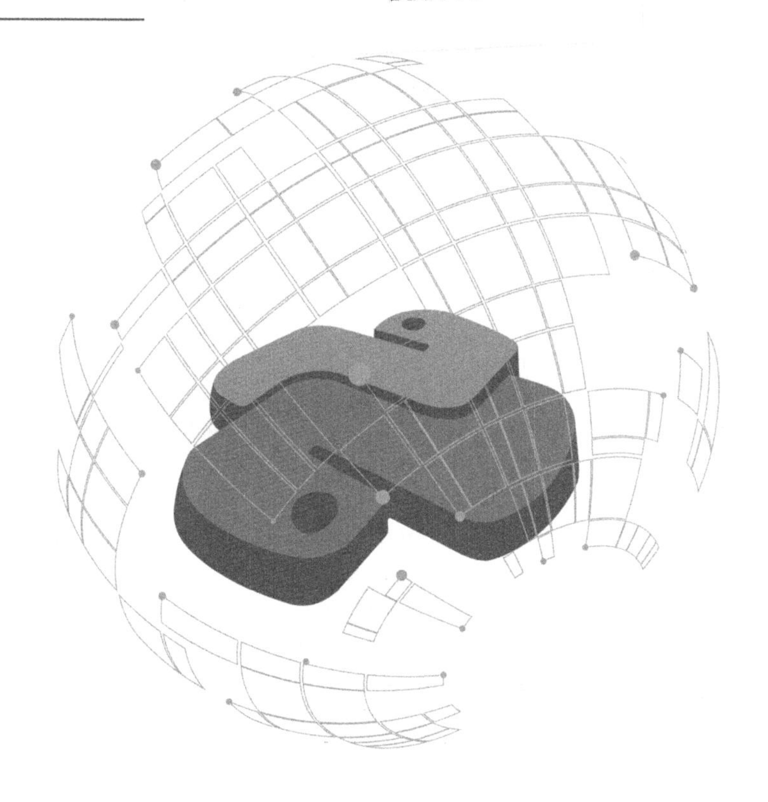

清華大學出版社
北京

内 容 简 介

数据时代的来临带动了新一波的智能革命，数据与算法驱动了各个领域的改变。在几个市场热门的讨论议题中，都可以看到数据应用扮演的角色。在面对真实世界的数据时，有许许多多的事情需要考虑。本书试图从最务实的角度开始，结合理论与实践去探索数据科学的真实世界，帮助读者一步一步地培养数据时代下的思维与技术。本书将从基础的Python编程开始，以数据分析的流程为主轴一步一步地解析，然后展开介绍数据收集、数据前处理、特征工程、探索式分析等。本书系统性地从函数库开始学习，并拓展到不同的应用场景。

本书实用性强，提供数据分析所必需的编程技能的培训，以及常见第三方软件和库的使用方法；以数据科学家、数据分析师等数据应用工作的实践经验作为培养目标，适合对Python与数据分析有兴趣的人阅读。

图书在版编目(CIP)数据

深入浅出Python数据分析 / 张维元编著 . —北京：清华大学出版社，2022.3（2024.1重印）
（新时代·技术新未来）
ISBN 978-7-302-57453-8

Ⅰ.①深…　Ⅱ.①张…　Ⅲ.①软件工具－程序设计－教材　Ⅳ.① TP311.561

中国版本图书馆CIP数据核字(2021)第022582号

责任编辑： 刘　洋
封面设计： 徐　超
版式设计： 方加青
责任校对： 宋玉莲
责任印制： 丛怀宇

出版发行： 清华大学出版社
网　　址： https://www.tup.com.cn, https://www.wqxuetang.com
地　　址： 北京清华大学学研大厦A座　　**邮　　编：** 100084
社 总 机： 010-83470000　　**邮　　购：** 010-62786544
投稿与读者服务： 010-62776969，c-service@tup.tsinghua.edu.cn
质 量 反 馈： 010-62772015，zhiliang@tup.tsinghua.edu.cn
印 装 者： 涿州市般润文化传播有限公司
经　　销： 全国新华书店
开　　本： 187mm×235mm　　**印　　张：** 14.25　　**字　　数：** 259千字
版　　次： 2022年4月第1版　　**印　　次：** 2024年1月第2次印刷
定　　价： 89.00元

产品编号：087611-01

前　言

为什么要写这本书？

数据时代下，数据将驱动很多领域产生有趣的新进展。数据的使用也变成了一个实用的技能，不再仅限于计算机或统计学行业。在这个技术的推动之下，任何领域的人或多或少都应该要培养数据的思考与使用能力。本书将以浅显易懂的内容与实务场景，逐步培养数据开发者的相应技能。

本书采用 Python 作为主要的程序语言，Python 语言拥有简单、易用、易上手、社区资源丰富等优点，特别在数据分析这个领域，它有很多优秀的第三方套件，能够帮助开发者专注项目本身。本书与其他图书的主要区别是，先系统分析几个数据分析中的主流套件，再进一步将场景拉回实际应用。本书以数据分析的流程为主轴一步一步解析各个环节，包括数据收集、数据前处理、特征工程、探索式分析等，让读者全面、深入、透彻地理解 Python 的数据分析套件，并将其用于实际应用。

本书有何特色？

1. 涵盖Python用于数据分析的主流工具

本书涵盖了数据收集的 Request、BeautifulSoup、Seleium 套件，以及高效能的数学运算工具 NumPy、串起数据与程序分析的 Pandas，还有用于视觉化呈现数据的 Matplotlib。

2. 解析与深入探讨数据分析的步骤

本书将套件与工具应用到不同的使用情境，对数据收集、数据前处理、特征工程、探索式分析等每个环节的实践内容进行深入探讨。

3. 大量的范例与实用代码

本书在每个章节都提供大量的范例作为参考，代码都来自真实的项目。通过对每一段代码的详细了解，读者可以充分理解其作用，并且能够重复地将这些代码应用于项目中。

4. 真实的案例解析

本书最后一章提供了 3 个实战案例。读者可以将本书所介绍的思考方法与实操代码用于真实项目中，从零开始思考解法。

5. 提供完善的技术支持和售后服务

本书提供了技术支持邮箱：v123582@gmail.com。读者在阅读本书的过程中有任何疑问都可以通过该邮箱获得帮助。

本书内容及知识体系

第1篇　数据分析与Python程序语言（第1～2章）

本书第 1 章从数据分析的发展说起，从早期的统计分析到现今的大数据与人工智能发展，介绍计算机科学的演进如何带动数据时代的到来；接着阐述数据项目分析流程应如何制定，以及 Python 与数据分析的关系；最后介绍数据科学家必备的知识与技能。第 2 章介绍与 Python 相关的基础知识，为后续深入学习 Python 打下基础。

第2篇　数据的存取与使用（第3～4章）

第 3 章介绍常见的数据来源与获取方式，归纳成几种常见的形式，即文件、API 与网页爬虫。第 4 章深入讨论网络爬虫的实操技术，从认识 HTTP 网站框开始到爬虫应用，全方位解析网络爬虫相关内容。

第3篇　常见数据分析工具（第5章）

第 5 章介绍 3 个将 Python 用于数据分析的主流套件，分别是高效能的数学运算工具 NumPy、串起数据与程序设计工具 Pandas 和可视化呈现数据工具 Matplotlib，并系统性地介绍这 3 个主流套件的使用方法与其核心目标。

第4篇　数据分析流程（第6～9章）

第 6 ～ 9 章，依照数据分析的流程——“定义问题与观察数据”“数据清理与类型转换”“数据探索与可视化”“特征工程”4 个环节，解析如何使用 Python 与搭配适当的工具进行数据分析。

第5篇　数据分析流程示例应用（第10章）

本书第 10 章提供了 3 个项目实战案例，利用几个真实的数据集实践本书前面讨论的各种方法。

适合阅读本书的读者

- 需要全面学习 Python 数据分析的人员。
- 对数据分析、人工智能有兴趣的人员。
- 希望能够从零开始完成数据分析项目的人员。
- 即将成为与数据分析相关的从业人员。
- 需要一本数据分析训练手册的人员。

阅读本书的建议

- 没有Python基础的读者，建议从第2章开始阅读，先培养基础的程序能力。
- 有一定Python程序基础的读者，可以根据实际情况有重点地选择阅读各个模块和项目案例。
- 对于每一个使用情境和范例代码，自己先思考一下再阅读，并且在每个案例后都尝试其他的优化方式，能够达到最佳的学习效果。
- 可以了解书中的每一个案例，然后套用不同的数据集实现类似的过程。

目　录

第 3 章 数据来源与获取

第 4 章 网络爬虫的技术和实战

第 5 章 常见的数据分析工具

第 7 章　数据清理与类型转换

第 8 章　数据探索与可视化

第 9 章 特征工程

第 10 章　示例应用

第 1 章　数据分析与 Python

本章从介绍数据分析的兴起与发展的时代背景说起，介绍计算机技术的演进如何带动数据时代的到来，简要介绍数据项目相关基础知识，并介绍 Python 与数据分析的关系。

本章主要涉及的知识点：

- 数据分析的发展；
- 数据项目团队的组成与数据项目分析流程；
- Python 与数据分析的关系；
- 数据分析人员的学习地图。

1.1 数据分析概述

本节将以数据分析的兴起与发展为重点，介绍数据时代的发展背景与数据分析的几个流派。本节涉及几个重要的关键名词，如大数据、人工智能、机器学习与深度学习等。

1.1.1 数据分析兴起与发展的时代背景

第一次工业革命开始于 18 世纪 60 年代，是一场以大规模工厂化生产取代个体工场手工生产的革命。工业革命以蒸汽机、煤、铁和钢为主要因素，将传统生产模式升级为新的机器制造生产模式，全面地改变了人们的生活。19 世纪 60 年代后期，第二次工业革命开始，人类进入电气时代。第三次工业革命开始于 20 世纪四五十年代，核心技术是电子计算机技术。

电子计算机技术依靠其运算速度快、处理数据量大的优势代替了人类的部分脑力劳动或体力劳动，改变了人类社会的信息处理方式，进而改变了现代社会的运作结构。电子计算机技术的快速发展带动了一大批高新技术的演进。过去几次工业革命都是站在新技术革新的转折点，如今，我们也站在一个新时代——数据时代的浪尖上。

随着计算机技术的发展，数据量快速增长，数据储存成本进一步下降，云端环境逐渐成熟。计算机的计算能力大幅提升，带来的是数据量的快速增长，因此造就了数据分析的新时代思维。具体而言，过去人们使用演绎方法研究科学发展，根据推论求得规律，随着问题的复杂化，人们通过演绎方法解决问题面临瓶颈，于是形成了通过归纳方法来解决问题的观点。因此，人们将数据分析与巨量数据推上了显学。巨量数据分析不同于传统统计抽样方法，它考虑的是数据母体，利用比实证研究更耗费计算成本的数据驱动方法，对数据中挖掘出的数据背后的关系进行全面分析。当前，我们正处于人类有史以来发展最快的时代。基于“数据”与“分析”，我们将迎来一场新的变革。技术驱动的演进，促进经济的结构性改革，我们正在走向一个充满变化的未来。最重要的是，我们必须把握创新的机会，而且是技术驱动创新的机会。

数据时代席卷的不只是信息界。巨量数据带来的是各个领域的改变。例如，Fintech（金融 + 科技）、Growth Hacking（营销 + 科技）、Health Care（医学 + 科技）等都是数据时代跨领域整合的趋势。换句话说，巨量数据 / 数据思维，需要的是一种跨域的宏观视野。从以上这几个逐渐兴起的热门领域，我们就可以看到数据分析的重要性。

1.1.2　什么是数据分析

数据分析（Data Analysis）往往又称数据科学（Data Science），其目标是在数据中找到有价值的规律或特征，是一门利用数据学习的科学。它结合了各种不同的领域，如数学、统计、机器学习、数据可视化、数据库、云计算等。非专业人士能够利用数据分析来理解问题，通过数据的解读与分析来正确地处理数据。数据分析能够用于不同的领域，如教育、金融或商业。

简单来说，数据分析就是“从数据中找出洞见”的一种技术、一种方法。“数据分析”这个名词兴起于 2012—2013 年。随着计算机技术的发展，计算机的存储技术与运算效率都有了巨大的提升，进而带出了“云计算”→“大数据”→“物联网”→“机器学习”→“深度学习”→“人工智能”这一系列技术新浪潮（见图 1.1），而数据分析也是跟着出场的一个新名词。

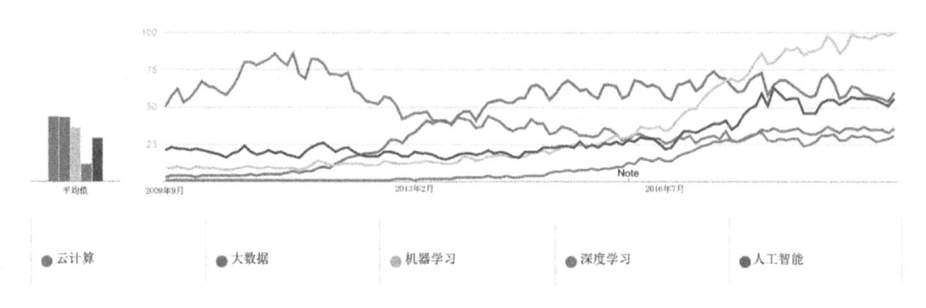

图 1.1　几个数据相关名词的搜寻量变化

事实上，数据分析并不是一个新技术，过去传统的科学研究其实都算是广义的数据分析，但是受限于硬件与计算资源的不足，多半只是统计学上的量化研究。现今的数据分析只是一个升级版，是融合了统计、计算机与数据发展的数据分析。

1.1.3　数据分析的发展方向

数据分析的发展方向有如下两个：

- 由“问题导向”的推论统计和假设检验（Hypothesis Testing）。
- 由“数据驱动”的数据挖掘（Data Mining）或知识发现（Knowledge Discovery）。

推论统计其实就是统计学中的量化研究方法，即人们根据观察或专业知识对一个问题提出虚无假设与对立假设，先证明虚无假设正确，再依照对立假设进行推论。

t- 检验、*Z*- 检验、卡方检验都属于假设检验。假设检验是一种由上而下的研究方法，换句话说，必须先有假设，才能有检验。在真实世界中，提出假设本身是一件困难的工作。

另一个困难点在于很多假设是由具有专业知识背景的科学家提出的，难免会掺杂主观的想法，具有一定的不可控性。假设检验是问题导向的，人们可以尝试去证实或举反证来验证预设的想法。

数据挖掘是另一种由下而上（由数据反过来观察结果）的数据驱动方法。在没有任何假设的情况下，人们可以直接通过数据观察归纳出某些重要的特性。不同于必须要先假设的推论统计，数据挖掘仅通过数据由下而上得到结果。数据挖掘不需要过多的事前假设，也不会有主观意念的影响。

不过数据挖掘就像是大海捞针一样，人们需要在茫茫的数据中找寻特性。可想而知，这种方法需要大量的计算与储存资源。这也是数据挖掘过去一直无法成为主流研究方向的主要原因，但随着计算机科学的发展，更快的计算资源与更大的储存空间让数据挖掘逐渐受到重视。数据挖掘是数据驱动的，人们可以从现有的数据中分析出一些未知的事情。机器学习是数据挖掘的一种方法，这两个名词现在经常混用。

- 统计分析：利用数学模型学习数据，找出一组参数来“描述”数据，目标是找出数据背后的规律，解释数据间的关系。
- 机器学习：通过抽象模型学习拟合数据，着重在学习模型的最佳化过程，目标是达到最好的预测效果。
- 数据挖掘：强调演算方法或步骤，目标是找出数据背后的价值。人们通常会根据所需要的数据选择适合的方法。

数据挖掘与统计分析这两种方法的目标是相近的，只是使用背景有所不同。数据挖掘是计算机领域发展的议题；统计分析是统计学所探讨的领域。无论是数据挖掘，还是统计分析，它们都有一个共同的目标——从数据中学习。这两种方法的目的都是使人们通过处理数据的过程，对数据有更进一步的了解与认识。数据挖掘、大数据、统计学三者的关系如图 1.2 所示。

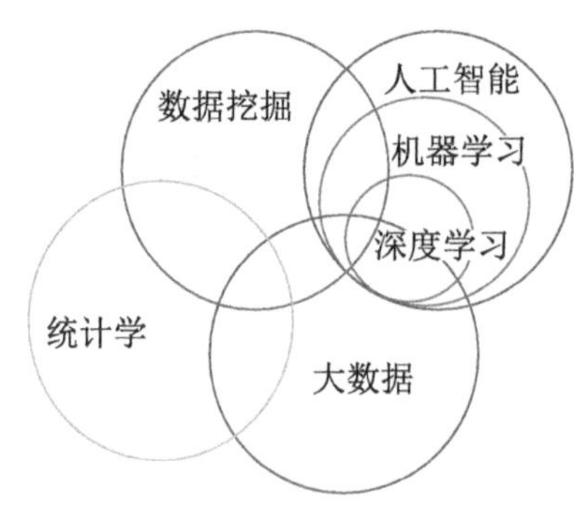

图 1.2　数据挖掘、大数据、统计学三者的关系

统计方法是人们利用方程描述分类问题，为数据找出一个分割线，将结果分成两类的方法。然而，人们利用机器学习的方法找出来的是一圈一圈的等曲线，看起来似乎可以得到更广泛的结果，而不只是简单的分类问题。机器学习是由人工智慧发展而来的领域，通过非规则的方法学习数据分布的关系。统计模型是统计学中描述自变量（特征栏位）与因变量（目标栏位）的关系的模型。统计模型是基于严格的假说限制进行统计检验的（称为假设检验）。假设检验与机器学习方法的不同之处在于机器学习方法是在无假说的情况下对数据进行计算的算法。

基于假设检验的发展，统计模型能找出更贴近现有数据的趋势。然而，预测的目的是找出“未来数据”或所有数据，但假设会使得数据太贴近现有数据（在机器学习中称为过拟和）。严格的假设是统计学习的一把“双刃剑”，就像数据分析中流传的一句话所说的那样：预测模型中较小的假设，预测能力较强（The lesser assumptions in a predictive model，higher will be the predictive power）。

总的来说，数据分析的前身其实就是统计学，随着数据累积才有了大数据，带动了演算法的发展，也就是现在的机器学习与深度学习。现今，数据分析技术正在发展的浪潮上，数据分析的终极目标是利用数据与算法打造一个更智慧的系统，即人工智能。

1.1.4　大数据与厚数据

无论是统计分析还是数据挖掘，数据都扮演着决定性的角色。数据量越大，其所支持的分析模型越完善。如果数据的可用性太低，那么模型再厉害也无法充分发挥作用。所以，数据有两种指标：量与质。

我们把巨量的数据称为大数据，简单的定义如下：当抽样的数量大到接近“母体”时，这类数据就可以称为大数据，带来的效益是大幅降低因为抽样产生的误差。大数据具备 Volume（数据量）、Variety（多元性）、Velocity（即时性）的 3V 特性。

为什么巨量数据是一件重要的事情？迈尔·舍恩伯格在《大数据》一书中这样说明：“通过更完整的数据分析，通过接近母体的数据量，可以大幅降低传统抽样所产生的统计误差。”换言之，实现巨量数据需要付出更多、更快的运算机器，所以巨量数据与计算机技术的进步是相辅相成的。不过，数据分析也不尽然要盲目地追求“巨量”这件事。大企业能享有巨量数据的规模优势，但小团队也有成本及创新上的优势，因为速度够快、灵活度高，就算维持小规模，还是能够蓬勃发展的。重要的是，能否掌握数据时代的思维与创新。

从数据可用性角度来看数据，数据分析领域还有另一个值得关注的名词——厚数据。

厚数据由美国社会学者克利福德•格尔茨提出，是指利用人类学定性研究法来定义的数据，数据隐含大量感性的内容。少量的数据能够记载更多的意义，也就是说数据本身具有较大的信息量。厚数据不同于大数据的量化，更多的是数据的质性。

1.1.5 数据挖掘、机器学习与深度学习

1. 数据挖掘

数据挖掘的英文是 Data Mining，其主要的意思是 Mining From Data，即从数据中挖掘金矿。另外，KDD（Knowledge Discovery in Databases）是数据挖掘的另一个常见的同义词。Data Mining 是在 20 世纪 90 年代从数据库领域发展而来的，所以一开始通常用 KDD 这个名称，在知名的学术论坛也称为 SIGKDD。

第一届 SIGKDD 会议讨论了这个问题，即沿用 KDD 还是改名为 Data Mining。会议最终决定这两个名字都保留，KDD 有其科学研究上的含义，而 Data Mining 也适用于产业界。数据挖掘方法主要分为 3 种：关联（Association）法、分类（Classification）法和聚类（Clustering）法。

提到数据挖掘，一定会提到“啤酒尿布”这样的案例。该案例涉及一个经典的数据挖掘算法——关联规则（Association Rule）。因其常用在商品数据上，所以也被称为购物篮数据分析（Basket Data Analysis）。关联规则通过数据间的关系，找出怎样的组合是比较常出现的。关联规则与传统统计的相关性差异在于关联法则更重视关联性。

分类法是数据挖掘与机器学习中的重要算法。分类法主要用于区分数据，判断数据属于哪一个类别，即从原有的已知类别的数据集进行学习，以判断新进的未知类别数据。因为是用已知类别的数据集进行学习，所以分类法也被称为监督式学习（Supervised Learning）。

分类法的用法有两种：分析与预测。

分析：解释模型形成的原因，以了解数据本身的特性及应用。

预测：根据数据的特征及模型预测未来新的数据走向。

分类法可应用在多个领域，如银行用来判断是否发放贷款，医生用来判断某人是否患病等。

聚类法又称丛集法，是相对于分类法的另一种数据挖掘方法。聚类法也是用来区分数据的，它与分类法的差别在于原本的数据都是未经类别区分的。因为是对未知类别的数据集进行区分，所以聚类法也被称为非监督式学习（Unsupervised Learning）。

聚类法通常用于分组。举例来说，一家营销公司想要对不同的用户投放广告，就可

以利用聚类法先对其进行初步的分组。聚类法可以用在市场研究、图形识别等领域。因为数据是由不同的属性所组成的向量，会呈现一个多维的对象，所以人们通常利用“距离”的概念表示相似程度。两笔数据会被表示为两个点，两点之间的距离越大，代表两笔数据越相似，反之越不相似。

当然，随着数据样式的变化，许多进阶用法不断出现，如时间序列分析（Time Series Analysis）和序列模式分析（Sequential Pattern Analysis）。

2. 机器学习

机器学习是从人工智能这门学科延伸出来的分支，主要是通过演算法试图从数据中“学习”到数据的规律，从而预测数据的特性。机器学习、数据挖掘与统计分析是用不同的观点看待“数据”的技术。随着技术的演进，这些技术所涵盖的方法与技术越来越相近。《大演算》一书从不同的思维角度将机器学习流派分成 5 种。

- 符号理论学派：归纳法——从数据反向推导出结论的方法。
- 演化论学派：遗传算法——通过程序模拟遗传演化产出最后的结果。
- 类神经网络学派：通过多层的节点模拟脑神经传导的思考。
- 贝氏定理学派：根据统计学及概率的理论产生模型。
- 类比推理学派：基于相似度判断进行推论学习。

3. 深度学习

深度学习是机器学习的一个支派，也称为进阶的方法，以前也称为类神经网络。目前业界使用较多的是深度学习这个名称。1980 年，多层类神经网络失败，浅层机器学习方法（SVM 等）兴起。直到 2006 年辛顿成功训练出多层神经网络，带动了新一波的深度学习发展。几个数据相关名词的搜寻量变化如图 1.3 所示。

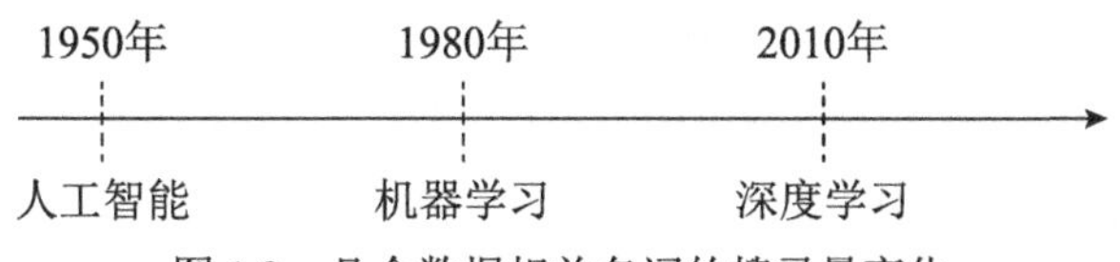

图 1.3　几个数据相关名词的搜寻量变化

1.2　数据项目

本节首先介绍了如何定义一个数据项目，然后介绍了如何构建数据项目团队，最后介绍了一个完整的数据项目的分析流程。

1.2.1 定义数据项目

数据项目的核心在于数据。要解决好问题，相关人员必然要先了解有哪些常见的方法与技术可以应用在数据分析上。下面我们先来快速了解一下数据分析模型。

根据要解决的目标，数据分析模型可分成 3 种类型：监督式学习、非监督学习与半监督学习（Semi-Supervised Learning）。监督式学习指的是数据有一个明确的栏位，用来做预测或分类的目标变量。例如，人们可以利用过去的天气数据，包含“有没有下雨”这个栏位，来预测明天“会不会下雨”。此时，就可以称“下雨与否”为目标变量或统计学上的反应变量。简单来说，就是从过去数据中的其他栏位，找出与“有没有下雨”这个栏位之间的关系，并将其关系套用到一组未知数据“会不会下雨”的其他栏位中，得出“会不会下雨”的预测值。以上这个例子也是监督式学习的典型案例。监督式学习可以想象成根据目标找关系，有一个明确学习的栏位，因此被称为监督式学习。

数据驱动（Data Driven）的方法论是数据分析的一个概念。对于初学者而言，可以先聚焦在特定的问题上讨论，再在一个最小可解上进行优化；当熟悉各种方法论之后，再试着进行更泛化的数据驱动。

1.2.2 数据项目团队的组成

数据分析是一个跨领域的方法论，涉及计算机科学、数学、神经学、心理学、经济学、统计学等领域。换句话说，数据分析并不是单一领域的学科。要完成一个好的数据项目，一个合作无间的数据项目团队必不可少，并且数据项目团队的人员必须同时掌握不同领域的知识，也需要有跨领域合作的思维。数据思维是一种跨领域宏观视野下的思维模式。

另外，跨领域的整合也是一个重要的数据应用关键。无论数据多寡，数据项目都建立在信息、统计、可视化等不同的领域专业上。不过从现实层面上来说，很难有人可以同时具备那么多能力，因此数据项目更需要团队合作。

一个完整的数据项目团队，除了要有特定领域的专家之外，还需要以下 3 种角色：数据科学家（Data Scientist）、数据分析师（Data Analyst）及数据工程师（Data Engineer）。

数据科学家是一个数据项目团队的核心，需要具备综合统筹的能力，包括观察数据、发现问题、组织整个数据团队，可以视为数据项目团队的组长，拥有相关领域的各种技能，哪里需要就往哪里去，能独立实现从分析数据、处理数据到实践应用直到最终产生价值的过程。简单来说，数据科学家就是“用数据解决真实问题的人”。也正因为如此，数据科学家须具有多元化的能力包括与其他角色沟通的能力，从处理数据的工程到分析数据的建模都需要涉猎，还要拥有洞察力。听起来好像数据科学家什么都要会，不过实际上很难有人可以样样精通，所以团队才显得更为重要。一个好的数据科学家，必须能够驾驭一个数据项目团队。

数据科学家的主要工作是观察数据，从中发现有趣的和需要解决的问题（通常这个过程被称为数据驱动）；然后和工程师商量如何从数据库中建立分析架构；最终，与统计学家用统计模型 / 数据挖掘 / 机器学习的技术进一步分析数据，同时产生一份数据报告。数据科学家可以视为数据分析师的“进阶版”，解决数据分析师难以解决的复杂问题，终极目标是找出藏在数据背后的信息，并根据这些信息预测未来趋势。

数据科学家需要涉猎不同的领域，如基本的数学理论、大数据、程序设计、统计、机器学习与数据可视化等。简单来说，数据科学家需具备一定的综合能力。

数据分析师通常是指对数据进行解释的工作者。其工作步骤是“搜集数据—整理数据—分析数据—产生结果”，最常见的技能是利用常见的商业统计软件（如 SQL、R、SAS、Excel）得出统计报告，并对统计报告进行解释。数据分析师所做的一切都是为了回答问题 [通常这个过程被称为问题驱动（Problem Driven）]。

数据分析师在数据工程师提供的数据基础之上对数据进行探索性分析，目的是找到问题的正确答案，主要工作通常是例行性任务，定期出一个报告来分析季度数据，供管理层决策参考。数据分析师需要具有操作统计软件的基本技能，往往对数字及数据有一定的敏感性。

数据工程师的主要任务是进行数据的架构设计，专注于环境与平台的架设。其所做的一切都是为了让数据可以容易地被使用，负责建立和维持公司数据储存的技术基准，策划硬体和软件的结构，确保数据储存系统可以支持未来的数据量和分析需求，最终目标是把数据整理好，达到降低储存成本、提高查询效率的目的。

随着巨量数据的需求，现在的数据通常存在很多的噪声及干扰，相关人员需要花更多的精力在数据清理上。数据项目团队的主要工作包括收集数据、管理数据，设计一个好的架构以便存取数据，针对用户需求设计产出的数据集，需要具备数据爬虫、数据库架构、数据预处理（数据清理、转换）、数据建模、分散式系统等相关专业知识和技能。

1.2.3　数据项目的分析流程

数据项目的分析流程是：从数据开始，通过一连串的过程发现隐藏在数据中的规则，利用这些规则完成一些有趣的应用，大致概括为取得数据—数据预处理—数据转换—数据分析—数据解释—发现知识。

图 1.4 所示为乌萨马·菲亚德在 *The KDD Process for Extracting Useful Knowledge from Volumes of Data* 中提到的数据项目的分析流程。这个看似单一的流程，其实需要相关人员不断重复地尝试，一层一层探索，最终才能找到真正具有价值的数据。

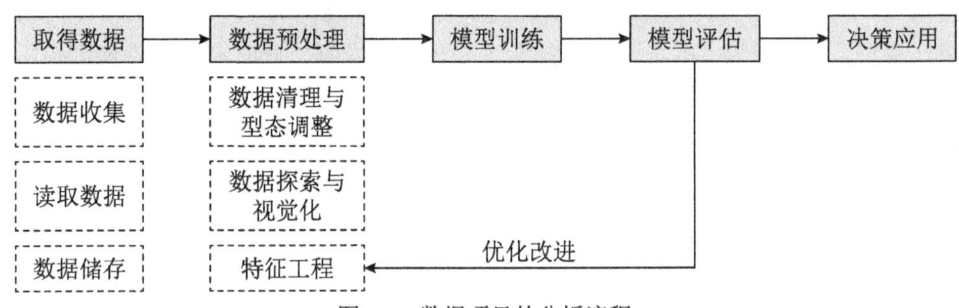

图 1.4　数据项目的分析流程

取得数据是指从原始数据到决定存放数据库的过程，一般来说会涉及数据获取、数据爬虫、数据管理、数据仓储等内容。

数据预处理是指根据规则（API、SQL）从数据库中取出数据集，进行数据清理，处理数据中的噪声或错误信息，或进行多个数据集的整合。

数据转换是指在取得数据集之后，我们经常需要针对分析的具体用法进行调整，将原始数据转换成适合分析模型的格式，如筛选栏位、长宽表转置等。

数据分析可以分为两个阶段，即探索性数据分析（Exploratory Data Analysis）与数据挖掘 / 机器学习。我们可以把探索性数据分析视为一种前期的观察，再经由数据挖掘进行进一步挖掘。

数据解释指人们通常会通过数据可视化的方式及图表方式呈现前述的结果，运用一些可能的原因对数据进行解释，然后把这一整套数据联系起来。

人们一般在数据分析的范畴中把数据清理和特征工程放在数据预处理环节一起讨论，但是在 kaggle 竞赛中，通常会把数据清理视为“处理遗失值”这个动作，也把特征工程视为一个独立过程。常见的特征工程包括特征编码（Categorical Encoding）、特征选取（Feature Selection）、特征降维（Dimensionality Reduction）、正规化（Normalization）/ 标准化（Standardization），如图 1.5 所示。

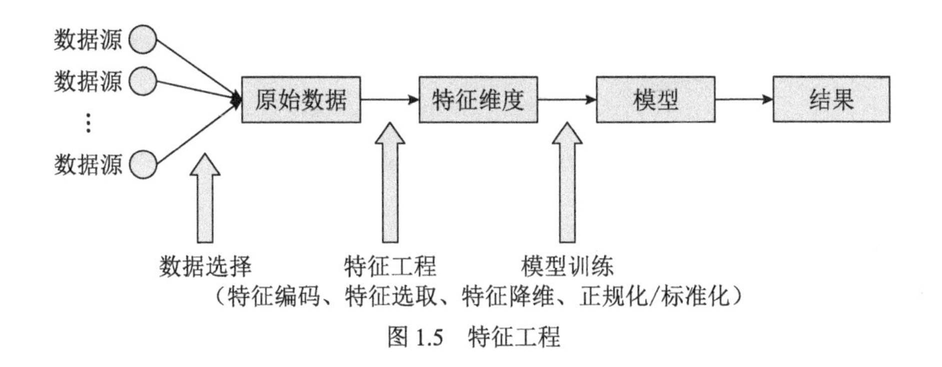

图 1.5 特征工程

1.3 Python 与数据分析的关系

本书采用 Python 作为数据分析的程序语言。本节将介绍为什么选用 Python 进行数据分析及 Python 的数据分析系统。

1.3.1 为什么要用Python进行数据分析

Python 具有简单易用、社区资源丰富两个主要优点。特别是在数据分析这个领域，Python 有很多优秀的第三方库，能够帮助开发者专注于项目本身。本节将从 Python 的基础讲起，运用大量范例说明 Python 的语法与操作。

1.3.2 Python的数据分析系统

Python 拥有完善的数据分析系统，简单分为数据收集、数据预处理、数据可视化、数据模型训练、深度学习、自然语言与文本数据处理。

Request、Beautifulsoup、Scrapy 用于数据收集与网页爬虫，NumPy 与 Pandas 提供了更贴近数据分析的数据结构，SciPy 能够做更复杂的科学计算，Matplotlib 是数据可视化的核心，Seaborn 用于优化样式，Bokeh 和 Plotly 提供了交互的图表。

在模型方面，相关工具有专注于统计的 Statsmodels 和专注于机器学习的 SciKit-Learn，此外也有 xgboost 提供复杂的进阶模型。在深度学习方面，相关工具有 TensorFlow(Theano)、Pytorch、Keras，各自都有拥护者。NLTK、Gensim 用于自然语言与文本数据处理。Python 的数据分析系统如图 1.6 所示。

图 1.6　Python 的数据分析系统

1.4　数据分析人员的学习地图

数据分析是一个跨领域的学科，而不是单一领域的学科。数据分析人员必须同时掌握不同领域的知识，需要有跨领域合作的思维。

1.4.1　怎样成为数据分析人员

要完成一个好的数据项目，靠的不能只是一个厉害的强者，而是需要一支合作无间的数据团队。换句话说，只要能够找到一个在团队中的位置，人人都有机会参与数据项目。不过，找到这个位置也不是那么容易的，相关人员需要具备跨领域的复合技能与沟通合作的硬实力。

数据分析技能可以分为 3 种：程序技术、理论分析与专业应用。

- 程序技术：Python、数据清理、数据工程。
- 理论分析：统计分析、数据挖掘、机器学习、深度学习。
- 专业应用：数据分析、数据爬虫、人工智慧。

程序技术员指的是擅长程序开发的人，有比较扎实的工程背景，适合往数据工程方向发展。数理分析能力比较强的人一般具有较好的理论分析能力，其可能具有数学统计或信息背景，可以深入研究数据分析领域或机器学习分析领域。如果一个人写不好程序、也不擅长数学，那么他是不是就难以入门数据分析呢？答案是否定的。拥有某一个领域专业背景的人，也可以往专业应用的方向发展。在擅长领域中积累知识、找出数据分析可以发挥的空间也是一件很重要的事情。这类人需要的是“相信数据分析的信念”与跨领域沟通的能力。数据分析人员如图 1.7 所示。

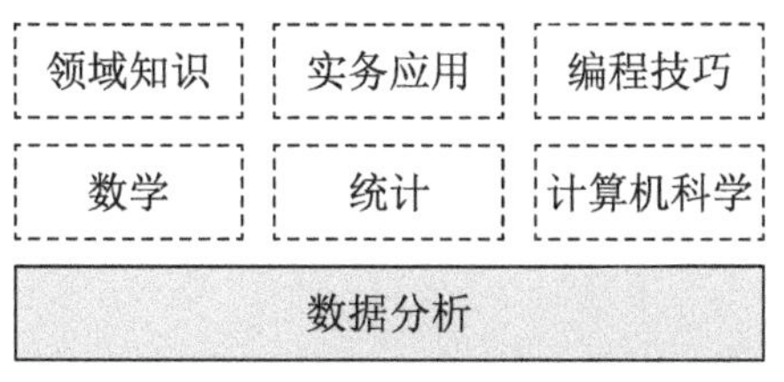

图 1.7　数据分析人员应具备的学科知识

1.4.2　技能树养成之路

数据分析技能那么多，那么技能该怎么学，该从何学起呢？在不同的数据分析教材或课程中，学习地图或课程规划都不太相同，这意味着学习数据分析其实并没有一条绝对的道路。对于新手，建议其首先学好一个程序语言，其次学习相关的系统工具，然后把一个基本的分析过程从头到尾研究透彻，最后就可以摸索自己适合在数据项目团队中的角色了。在学习过程中，数据分析人员应培养与不同角色沟通合作的能力，逐步学习各种数据分析技能，最终成为一个独立的数据分析人员。简单来说，数据分析人员应先学会基本技能，再通过大量的项目掌握完整技能。

那么如何开始数据分析呢？首先挑选一个自己感兴趣的数据集，找出一个可以回答的问题，然后根据这个问题找到一个最基本的原型解（Prototype Solution）来检验这个问题是否可解，通常就是选用最简单的模型当作基础线（Baseline）；接着从基础线开始对解进行优化。一般来说，我们可以从以下两种角度进行优化：更好分的数据和更厉害的模型。

（1）更好分的数据：从数据下手，对数据进行转换与重组，称为“特征工程”。

（2）更厉害的模型：利用复杂的模型，如集成式或深度学习的模型。

除了对模型的准确度进行优化之外，速度与代码质量也是重要的优化指标。

我们可以先利用原型解建立一个基础线的工作流，将预处理与模型比较分为不同的模组；持续从不同的角度进行调整，去观察做哪些动作会造成怎样的优化，最终慢慢提炼出适合数据的手法；建立数据工作流与优化模组之后，就可以快速地将其迁移到类似的数据与问题上；通过反复练习，从每次的调整中让自己更从容地查看数据。

第2章　Python基础

本书采用Python作为数据分析的程序语言。Python拥有简单、易用、易上手、社区资源丰富等优点。特别在数据分析这个领域，Python有很多优秀的第三方库，能够帮助开发者。本章将从Python的基础讲起，运用大量范例说明Python语法与操作。

本章主要涉及的知识点：

- Python程序语言基础；
- 数据类型和运算；
- 条件判断与循环使用；
- 函数与类。

2.1 Python 简介

Python 最初的版本发布于 1991 年，由 Guido Van Rossum 开发。Python 的设计风格强调程序语法的可读性和简洁性，相比于 C/C++ 或 Java 语言，Python 提倡开发者用更少的代码表达想法。

优雅、明确、简单是 Python 的设计哲学。Python 有一个核心的哲学：There is only one way to do it（完成一个需求只会有一种方法）。因此 Python 被许多人选作入门的程序语言。Python 用户可以尽量用较少的、较简单易懂的代码实现需要的功能。Python 提供了非常完善的基础函数库，包含网络存取、数据分析、GUI（图形用户界面）、数据库等大量内容。此外，Python 与系统有很好的兼容性，因此被称作“胶水语言”。Python 的主要贡献者 Tim Peters 在程序中隐藏了一个“小彩蛋”（The Zen of Python），里面放了 Python 开发设计的哲学。

```
>>> import this
The Zen of Python, by Tim Peters

Beautiful is better than ugly.
Explicit is better than implicit.
Simple is better than complex.
Complex is better than complicated.
Flat is better than nested.
Sparse is better than dense.
Readability counts.
Special cases aren't special enough to break the rules.
Although practicality beats purity.
Errors should never pass silently.
Unless explicitly silenced.
In the face of ambiguity, refuse the temptation to guess.
There should be one-- and preferably only one --obvious way to do it.
Although that way may not be obvious at first unless you're Dutch.
Now is better than never.
Although never is often better than *right* now.
If the implementation is hard to explain, it's a bad idea.
If the implementation is easy to explain, it may be a good idea.
Namespaces are one honking great idea -- let's do more of those!
```

Python 是一个高级编程语言，其解释型的运作模式为用户提供了快速开发的功能。所谓的高阶与低阶是指程序与机器和人之间的差距，高阶代表更贴近用户，而距离硬体机器遥远。程序本身是一种供用户与机器沟通的语言，使用编译器 / 翻译器逐步将程序语言转换成机器可理解的机器语言。高阶语言程序须经过比较麻烦的“翻译”，所以执行速度会比较慢。Python 程序的执行过程如图 2.1 所示。

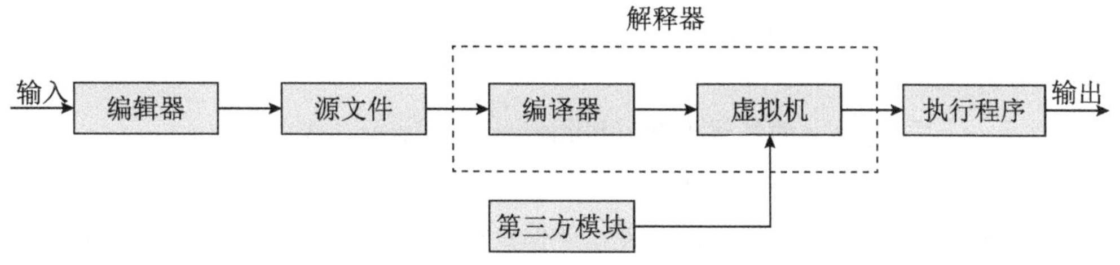

图 2.1 Python 程序的执行过程

Python 有以下缺点：运行速度慢、代码不能加密、无法向下兼容。无法向下兼容的特性，导致用户要在 Python 2 与 Python 3 两个版本中进行选择。在早期，有人建议先不用急着学 Python 3，原因是大部分好用的函数库还是以 Python 2 的版本存在的。新的环境可能会导致用户无法使用某些函数库。

目前，大部分在维护的函数库提供了相应的使用方法，所以以 Python 3 为主要版本来学习是比较恰当的，Python 官方也公告在 2020 年终止对 Python 2 支持。

2.1.1 执行Python程序的主要方式

执行 Python 程序的主要方式如下。

- shell（交互界面）：在主要终端机、命令提示视窗中输入“Python”，可以进入 Python 的交互界面。操作方式是输入一行程序代码，就会回传一段结果。因为程序是一行一行地执行，所以这种方式又被称为直译式或交互式方式。
- command（指令）：把 Python 程序代码存为一个 .py 文件，在终端输入 python <文件名>.py 回传结果。
- jupyter/ipython notebook：jupyter（原本叫作 ipython，后来独立出来）是一款把原生的 Python 加上一些额外功能的函数库。用户可以使用 jupyther notebook 进入一个网页版的交互界面。
- anaconda：把与数据分析有关的 Python 工具打包成一个更大的工具包，里面包含 Python、常见的库、Spider IDE。

2.1.2 编写Python程序

除了直接在 shell 或 jupyter notebook 上执行 Python 程序以外，用户一般会在编辑器或集成开发环境（Integrated Development Environment，IDE）上先写好 Python 程序，再通过 Python 执行程序。编辑器可以看作记事本。用户在编辑器中写完一段程序代码，将

其存为 .py 文件，再通过 Python 指令执行程序。IDE 同时包含了写程序码的编辑区与执行程序的执行区。

- 常见用来写 Python 的编辑器有 sublime text、notepad、Atom。
- 常见用来写 Python 的 IDE 有 PyCharm、Spyder、Rodeo。

一般来说，IDE 会有一些额外的功能，如检查程序代码的优劣、检查程序有没有语法上的错误等，使开发过程中更方便。不过常见的编辑器都会有相应的库可以使用。有些人会觉得 IDE 有太多功能，用 IDE 开发程序也浪费计算机的资源，所以选择使用编辑器进行开发。

2.1.3 相关的开发管理工具

一般来说，Linux based 的计算机中会安装好系统自带的 Python。不过这可能会有几个问题出现：

- 如果项目所用版本与系统版本不同怎么办？
- 如果有多个项目，每个项目都有各自需要的版本及特定的库怎么办？
- 升级或修改系统自带的 Python，遇到权限问题怎么办？

开发者希望环境支持不同的 Python 版本，每个项目也有自己的库环境。项目环境彼此独立，开发不容易出现互相干扰的情况。网络上有许多解决方案，以下列出笔者比较习惯的一种环境配置的方式。建议利用 Pyenv 搭配 Virtaulenvwrapper。

pip 是一款 Python 包管理工具（与 JavaScript 中的 npm、Ruby 中的 gem、PHP 中的 Composer 一样）。用户可以使用它来安装需要的包，而不用下载每一个包。一般 Python 安装包都自带 pip，用户无须单独安装 pip。与 R 语言不一样的是，Python 的函数库是在 Python 程序外安装的，而不是在程序内。pip 的使用方法如下。

```
$ pip -V # 查看 pip 的版本,及对应的Python 版本
$ pip install -U pip ## 更新 pip

$ pip list # 列出所有安装包
$ pip search package # 搜寻相关包
$ pip install package # 安装包
$ pip uninstall package # 移除包
$ pip install --upgrade package # 升级包
```

Virtualenv 是 Python 的一种虚拟环境的库，可以用来创建独立的 Python 环境。这样用户就可以同时建立多个虚拟环境，每个虚拟环境中的 Python 使用不同的版本，并且虚拟环境之间相互独立。Virtaulenvwrapper 是基于 Virtualenv 的操作工具，操作更方便。

```
# 安装
$ pip install virtualenv
$ pip install virtualenvwrapper
## 环境配置
$ mkdir $HOME/.virtualenvs # 建立放置虚拟环境的目录
$ export WORKON_HOME=$HOME/.virtualenvs
$ source /usr/local/bin/virtualenvwrapper.sh
# 可以把上面这两句加到 ~/.zshrc 或~/.bash_profile 中,不然就要每次都设置一次
## 使用
$ mkvirtualenv envName # 建立一个跟目前环境相同的Python
$ mkvirtualenv --no-site-packages envName # 建立一个跟没有任何库的Python环境
$ lsvirtualenv 或 workon # 查看目前有的虚拟环境
$ workon envName # 切换到某个虚拟环境
$ deactivate # 退出某个虚拟环境
$ rmvirtualenv envName # 退出某个虚拟环境
```

Pyenv 是 Python 的版本管理工具。用户可以在同一台计算机上安装不同版本的 Pyenv，并可以任意切换不同版本。

```
## 安装
$ brew install pyenv # Pyenv 并不是Python的库,所以要通过OS来安装而不是pip。
## 环境配置
$ if which pyenv > /dev/null; then eval "$(pyenv init -)"; fi
$ export PYENV_ROOT=/usr/local/var/pyenv
# 可以把上面这两句加到 ~/.zshrc 或~/.bash_profile 中,不然就要每次都设置一次
## 使用
$ pyenv versions
# 查看目前所有安装的版本, system 是系统原本就安装的,如果使用brew安装,也会被放在system中
$ pyenv install 3.5.2 # 安装3.5.2版本的Python
$ pyenv rehash # 重新载入
$ pyenv local 3.5.2 # 告诉系统现在的数据夹下要使用这个版本
$ pyenv local 3.5.2 --unset # 告诉系统现在的数据夹下不要使用这个版本
```

有了 Pyenv 和 Virtaulenvwrapper，用户就可以根据不同的项目需求针对不同的 Python 建立自己的虚拟环境。大致流程如下：利用 Pyenv 安装 / 切换到特定版本—安装 Virtaulenvwrapper—开启虚拟环境—done。

```
## 安装/切换到特定版本
$ pyenv install 2.7.10
$ pyenv rehash
$ pyenv local 2.7.10
## 安装 Virtaulenvwrapper
$ pip install virtualenv
$ pip install virtualenvwrapper
## 开启虚拟环境
$ mkvirtualenv py2dev
## 退出回到系统环境
$ deactivate
$ pyenv local --unset 2.7.10
```

重复一次，就可以建立不同版本的虚拟环境了，参考图 2.2。

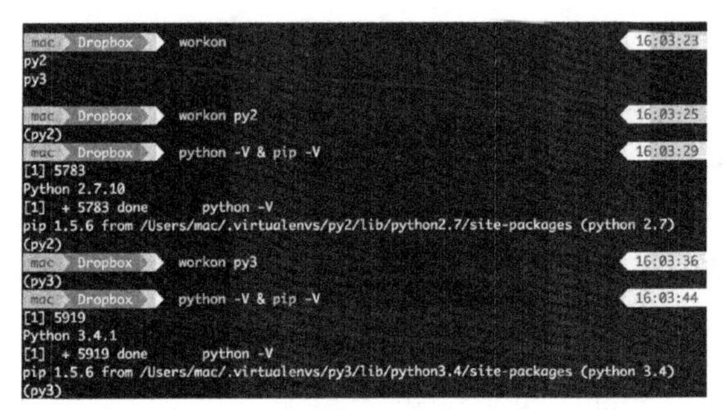

图 2.2 Pyenv 结合 Virtaulenvwrapper 示范

2.2 开发环境准备

接下来说明推荐使用的开发环境，即 Python 集成开发环境 Anaconda、交互式计算和开发环境 Jupyter Notebook。

2.2.1 Anaconda

Anaconda 是一个用于计算科学且开源免费的 Python 整合环境，常用于将科学计算与数据分析的库包与工具包进行整合，避免繁杂的环境设置。Anaconda 也支持跨平台与虚拟环境的使用。

在 Python 中，pip 是库管理工具，而 Anaconda 将 pip 进一步封装成 conda 管理工具。conda 可从 Anaconda 终端机开启。

```
$ conda install库名称
# 利用conda安装库
$ conda remove库名称
# 利用conda移除库
$ conda install python = 3.5
# 安装特定版本的Python
```

Anaconda 支持虚拟环境开发，避免版本冲突与隔离。

```
$ conda create -n envName
```

2.2.2 Jupyter Notebook

Jupyter 是一种基于网页界面的交互式计算和开发环境，支持基本的开发工具与交互操作，为用户提供了有效的开发体验。

开启方式一：从 Anaconda 终端机输入。代码如下：

```
$ jupyter notebook
```

开启方式二：从 GUI 中开启，如图 2.3 所示。

图 2.3　Anaconda 开启界面

在 Jupyter Notebook 一栏中单击 Launch 按钮，会打开一个网页，如图 2.4 所示。

图 2.4　Jupyter Notebook 开启界面

接着单击右上角的New下拉按钮，从打开的下拉列表中选择Python 3选项（见图2.5），进入 Jupyter 的开发界面。用户可以在编辑区内编写程序，单击 Run 按钮可执行程序，如图 2.6 所示。

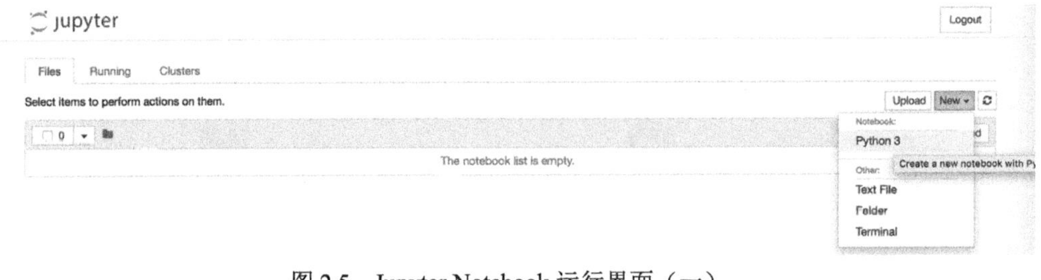

图 2.5　Jupyter Notebook 运行界面（一）

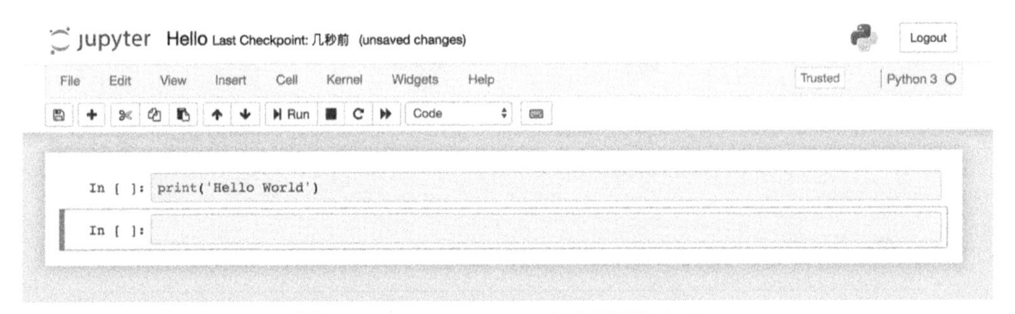

图 2.6　Jupyter Notebook 运行界面（二）

2.3　一个简单的范例

下面来看一个简单的范例。

```
1      # 编码声明
2      #!/usr/bin/env python3
3      # -*- coding: utf-8 -*-
4      # encoding: utf-8
5
6      # 第三方库引用
7      import this
8      from keyword import kwlist
9
10     # 变量与赋值
11     keywords = kwlist
12
13     # 流程控制
14     if len(keywords):
```

```
15          print(keywords)
16          # ['False', 'None', ...]
17      for keyword in keywords:
18          print(keyword)
19          # 'False'
20          # 'None'
21          # ...
22
23      input("Input Something...")
24      # Input Something..._
25      print("Hello World")
26      # Hello World
```

第一个部分是编码声明部分，即程序的前几行指令。第一行注释告诉操作系统，这是一个 Python 的可执行程序，Windows 系统会忽略这个注释。第二行注释告诉 Python 解释器，按照 UTF-8 编码规则读取程序码。

第二个部分是第三方库引用部分，主要有两种用法。

- import *模块名称*。
- from *模块名称* import *方法名称*。

```
1    import collections
2    from collections import defaultdict, Counter
```

模块又称函数库，由许多函数组成。在使用时，用户可以一次引入整个函数库或从函数库中引入特定的方法。在这个范例中， kwlist 来自 keyword 包中的一个变量，kwlist 是由 Python 的关键字（Keyword）组成的列表容器。关键字又称保留字，在程序当中作为特定语法符，不宜任意改动。

```
1    from keyword import kwlist
2    print(kwlist)
3    # ['False', 'None', 'True', 'and', 'as', 'assert', 'break', 'class',
4    # 'continue', 'def', 'del', 'elif', 'else', 'except', 'finally', 'for',
5    # 'from', 'global', 'if', 'import', 'in', 'is', 'lambda', 'nonlocal',
6    # 'not', 'or', 'pass', 'raise', 'return', 'try', 'while', 'with',
7    # 'yield']
```

第三个部分是变量与赋值部分。“=”是赋值运算符，左边是变量，右边是数值，其作用是将数值赋值给变量。Python 变量的一个特性是大小写敏感性，即大小写不同，代表的变量名称不同。

第四个部分是流程控制部分，涉及程序的运作方式，如条件判断（if）与循环（while）。在 Python 中，开发者一般利用缩排形式来区分不同区块，官方建议统一使用 4 个空格的缩排形式。

“#”后是注解内容，是程序中不会执行的部分，是用来提示用户的注记。另外，有一些程序书写的习惯：每行代码尽量不超过 80 个字符；自然语言使用双引号，机器标示使用单引号，不确定就用双引号。

```
1    if 条件:
2        # 符合条件需要执行的 if 区块
3    for 元素 in 列表:
4        # 符合条件需要执行的 for 区块
```

input/output 简称为 I/O，是程序与外界的沟通管道。用户利用键盘输入内容，读入 input() 方法，output() 方法可以将程序的内容显示在屏幕上（通常是终端机）。像这种带有“()”的，在程序当中是函数或方法，指的是一段已经写好的程序代码。用户使用时无须知道那一段程序代码怎么写，只需知道怎么用即可。

input() 和 print() 是最基本的 I/O 函数。“()”内的内容称为参数，指传进函数内的变量。如何写一个自定义函数，会在后面的章节做介绍。执行 input() 后，程序会等待用户输入，直到按下 Enter 键（表示输入完毕）。

用户通常会把 input() 的结果指定到一个变量上，作为后续使用。print() 用于输出字符串、变量等信息，字符串、变量等之间可以用逗号隔开。当需要输出多个数值时，print() 可以实现连续输出（可以用 sep 指定分隔符号）；预设结束后还可以实现换行（可以用 end 参数指定）。

```
1    x = input("请输入:")
2    # 请输入:
3    print("Hello World")
4    # Hello World
5    print(x)
6    # ... 会输出前面输入的数据
7    print(1,2,3,4,5, sep="*", end="//")
8    # 1*2*3*4*5//
```

像 input()、output() 这种无须额外载入的函数称为内建函数，是与 Python 执行时一并载入的，如表 2.1 所示。

表 2.1　Python 的内置函数

abs()	delattr()	hash()	memoryview()	set()
all()	dict()	help()	min()	setattr()
any()	dir()	hex()	next()	slice()
ascii()	divmod()	id()	object()	sorted()
bin()	enumerate()	input()	oct()	staticmethod()
bool()	eval()	int()	open()	str()
breakpoint()	exec()	isinstance()	ord()	sum()

续表

bytearray()	filter()	issubclass()	pow()	super()
bytes()	float()	iter()	print()	tuple()
callable()	format()	len()	property()	type()
chr()	frozenset()	list()	range()	vars()
classmethod()	getattr()	locals()	repr()	zip()
compile()	globals()	map()	reversed()	__import__()
complex()	hasattr()	max()	round()	

下面介绍两个特别重要的函数：dir() 和 help()。dir() 用于输入一种类型或对象，回传该对象可以使用的方法或属性。help() 用于输入一个函数，回传函数的使用说明。

```
1    dir(list)
2    # ['append', 'clear', 'copy', 'count', 'extend', 'index',
3    # 'insert', 'pop', 'remove', 'reverse', 'sort']
4    help(list.extend)
5    # extend(...)
6    # L.extend(iterable) -> None
7    # extend list by appending elements from the iterable
```

注意 dir() 与 help() 不只用于 Python 原生的语法，第三方函数也是有资源的。

2.4 数据类型

在 Python 中，数据类型由当下储存的值决定。数据类型分为数值（Numeric）、字符串（String）和容器（Container）。

- 数值：用于存储可计算的数值，可以分为整数、浮点数、复数等。
- 字符串：由数字、文字、特殊符号所组成的一串字符，用单引号、双引号成对标记。
- 容器：由一个以上的数据组成，依照特性可以分为列表、元组、字典、集合。

2.4.1 数值

数值类型（Numeric type）可以分为整数、浮点数、复数、布尔值几种。Python 可以处理任意大小的整数且保证精确，但是浮点数运算因为数据结构不同则可能会有误差。每种类型的变量都会被储存在内存中。某一种类型的数值已经超过此类型能够保存的数值范围的现象称为溢出（Overflow）。常见的溢出错误信息如 Out of range 或 Result too large。

在 Python 中，变量在必要的时候可自动被转换成布尔变量（True、False）。转换法则如图 2.7 所示。

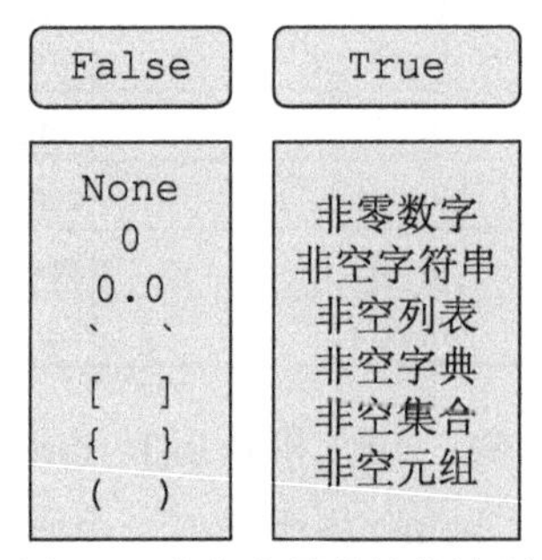

图 2.7　布尔变量的转换法则

“=”是赋值运算，用于把右边的值存储到左边的变量中。在以下示例中，程序首先将 20 存到变量 a 中；也可以多值赋值，如将 5.5、True 分别存到变量 b、c 中。当存取到一个没有赋值的变量值时，程序会输出“not defined”的错误信息，表示该变量尚未存在。

```
1     a = 20
2     b, c = 5.5, True
3
4     print(a, b, c)
5     # 20, 5.5, True
6
7     print(d)
8     # Traceback (most recent call last):
9     # File "<stdin>", line 1, in <module>
10    # NameError: name 'd' is not defined
```

下面介绍一些与类型有关的函数：type 用于取得变量的类型，isinstance 用于判断某一变量是否是某一种类型。用户也可以直接用 int() 或 float() 等类型作为函数对数值进行类型转换。

```
1     print(type(a), type(b), type(c), type(d))
2     # <class 'int'><class 'float'><class 'bool'><class 'complex'>
3     print(type(a) == int, type(a) == float)
4     # True, False
5     print(isinstance(a, int), isinstance(b, int))
6     # True, False
7
8     int(4.0) # 4
9     float(4) # 4.0
```

数值数据的基本运算有四则运算（加、减、乘、除）、次方运算（**）、取余数运算（%）、整数除法运算（//）。在运算过程中，如果数值类型不同，程序会自动取数值范围大的类型。

```
1     4 + 2 # 6
```

```
2     4.0 + 2 # 6.0
3     4.0 + 2.0 # 6.0
4
5     2 / 5 # 0.4
6     2.0 / 5 # 0.4
7     2 / 5.0 # 0.4
8     2.0 / 5.0 # 0.4
9     2 // 5 # 0
```

下面介绍与运算有关的函数：abs 是绝对值函数，round 是四舍五入函数。

```
1     n = -3.14
2     abs(n) # 3.14
3     round(n) # -3
```

2.4.2 字符串

利用引号（单引号或双引号）引起来的部分代表字符串。字符串（String type）是由数字、文字、特殊符号所组成的一串字符。

```
1     a = 'hello world'
2     b = '1234'
3     c = '\n'
4     d = r'\n'
5     e = '\\n'
6
7     print(a + b + c + d + e)
8     # hello world1234
9     # \n\n
10    print(a, b, c, d, e)
11    # hello world 1234
12    # \n \n
```

当使用 print() 函数输出多个数值时，多个数值之间可以用逗号隔开（预设会用空格隔开）。字符串的加法运算是先将 5 个字符串相连后再输出。Python 的常见特殊字符如表 2.2 所示。

表 2.2 Python 的常见特殊字符

符　号	意　义
\\	反斜杠
\'	单引号 '
\"	双引号 "
\n	换行
\r	回车
\t	Tab

字符串可以利用索引（Index）取得某一位置上的值（将 [] 接在变量之后），如图 2.8 所示。在 Python 程序当中，位置是从 0 开始的。切片（Slicing）运算是指可以在 [] 当中利用“:”取一个范围之内的子字符串。当切片有第三个值时，第三个值代表切片的间隔。

H	e	l	l	o		W	o	r	l	d
0	1	2	3	4	5	6	7	8	9	10
-11	-10	-9	-8	-7	-6	-5	-4	-3	-2	-1

图 2.8　字符串符与索引

```
1	a = 'hello world'
2	a[0], a[1], a[2]
3	# ('h', 'e', 'l')
4	a[0:5], a[0:len(b)], a[:]
5	# ('hello', 'hell', 'hello world')
6	a[1:5:2], a[::-1]
7	# ('el', 'dlrow olleh')
```

字符串运算只有加法运算和乘法运算，没有减法运算和除法运算。字符串的加法运算会把字符串相拼，乘法运算会对字符串重复进行多次相拼。

```
1	a = 'hello world'
2	a + '_'
3	# 'hello world_'
4	a * 2
5	# 'hello worldhello world'
```

字符串和数值是不能相加的。

```
1	a + 2
2	# Traceback (most recent call last):
3	# File "<stdin>", line 1, in <module>
4	# TypeError: must be str, not int
```

下面介绍一些常用的字符串函数。

```
1	split() # 字符串分割
2	find() # 寻找子字符串
3	replace() # 子字符串取代
4	len() # 计算字符串长度
5	lower() # 字符串转小写
6	upper() # 字符串转大写
7	isnumeric() # 是否为数字字符串
8	isalpha() # 是否为字母字符串
```

格式化字符串（String Formatting）是一种特殊的字符串，用于在字符串中插入变量。在传统方法中，用户可以用加法或逗号实现在字符串中插入变量，但容易让程序变得过于杂乱而难以维护。格式化字符串的目的是将字符串与变量隔离，在执行时才将变量插入字符串。以下示范几种做法。

```
1    print('%s %s' % ('one', 'two'))
2    # one two
3    print('{} {}'.format('one', 'two'))
4    # one two
```

前面的方法虽然可以将变量隔离，但还是要在同一行语法中设置变量。3.6+ 版本引入了一种新的写法，能够在字符串中直接使用全局变量。

```
1    a = 'one'
2    b = 'two'
3    print(f'{a} {b}')
4    # one two
```

2.4.3 容器

数值或字符串都是原子类型，都只是单一值的数据类型；容器（Container type）则能够在一个变量中存放一个以上的数值（称为元素）。在 Python 中，容器类型有 4 种。

- 列表（List）：有序且可变的容器。
- 元组（Tuple）：有序但不可变的容器。
- 字典（Dict）：Key - Value 对应的组合容器。
- 集合（Set）：无序且包含不可以重复元素的组合容器。

1. 列表

列表用 [⋯] 表示，里面可以放多个数值。在下面的例子中，第一行表示有一个名为 L 的列表，其内容由 1、2、3、4、5、6 六个元素组成。与字符串类似，在列表中，用户可以用索引的方式取到数据。第二行表示取出 L 列表中第 0 个、第 1 个、倒数第 1 个（−1 代表倒数）元素，分别是 1、2、6。第三行表示可以用赋值运算把第 0 个元素改成 999。第四、第五行是切片功能，表示用户可以在索引中使用“:”取一个范围之内的子列表。

```
1    L = [1, 2, 3, 4, 5, 6]
2    L[0], L[1], L[-1]
     # (1, 2, 6)
3    L[0] = 999
4    L[0:5], L[0:len(L)], L[:]
     # ([1, 2, 3, 4, 5], [1, 2, 3, 4, 5, 6], [1, 2, 3, 4, 5, 6])
5    L[1:5:2], L[::-1]
     # ([2, 4], [6, 5, 4, 3, 2, 1])
```

在运算方面，列表支持加法运算和乘常数运算，不支持减法运算和除法运算。加法运算会将多个列表连接起来，乘常数运算会将同一个列表重复多次。

```
1    L = [1, 2, 3, 4]
2    G = [5, 6, 7, 8]
3
4    L + G
5    # [1, 2, 3, 4, 5, 6, 7, 8]
6
7    L - G
8    # Traceback (most recent call last):
9    # File "<stdin>", line 1, in <module>
10   # TypeError: unsupported operand type(s) for -: 'list' and 'list'
11
12   L * 2
13   # [1, 2, 3, 4, 1, 2, 3, 4]
14
15   L / 2
16   # Traceback (most recent call last):
17   # File "<stdin>", line 1, in <module>
18   # TypeError: unsupported operand type(s) for /: 'list' and 'int'
```

列表的函数有多种。L.append(2) 用于将参数 2 加到 L 列表的最后一位。与 L.append(2) 相似的 L.extend([1，2，3]) 方法则是将参数 [1，2，3] 列表中的每一个元素都加到 L 列表的元素中。insert() 用于将某一数据插入列表，它有两个参数，一个参数代表插入的位置，另一个参数代表插入的数值。例如，L.insert(0, 3) 表示将 3 插入 L[0] 的位置，其余数值依次往右平移。

删除数据有两种方法：pop() 和 remove()。L.pop() 用于将 L 最右边的数据删除，可以设置一个变量去补充删除位置的数据。L.remove(2) 用于将 L 中第一个出现的 2 删除。L.sort() 用于将 L 由小至大排序，L.reverse() 用于将 L 反序排列。

```
1    L = [2] # [2]
2    L.append(2) # [2, 2]
3    L.extend([2]) # [2, 2, 2]
4    L.insert(0, 3) # [3, 2, 2, 2]
5    L.pop() # [3, 2, 2]
6    L.remove(2) # [3, 2]
7    L.sort() # [2, 3]
8    L.reverse() # [3, 2]
```

有几组方法需要我们对比看一下。

```
1    L.extend([2])
2    L + [2]
3
4    L.reverse()
5    L[::-1]
6
7    L.sort()
8    sorted(L)
```

这几组都可以实现类似的行为，也就是说它们的目的是差不多的，差别在于前者会直接改变 L 的值，但不会返回内容，后者会显示结果，但按不会改动 L 本身，除非将结果再指定回去。因此，用户在使用一个函数的时候有两个关注点：一是会不会改动本身；二是返回什么内容。

最后一组常见的函数是 len(L) 和 sum(L)，分别用于计算 L 的长度（元素个数）和总和。L.count(2) 用于计数 L 当中 2 出现的次数。

```
1    L = [1,2,2,3,4,5]
2    len(L) # 6
3    sum(L) # 17
4    L.count(2) # 2
```

前面提到有“()”的通常是函数，但函数有时候用 L.sort()，有时候用 sorted(L)，这两种用法有什么差异？前者的 sort() 是 L 下的函数，专属于 L；后者的 sorted() 是 Python 内建的，可以将 L 当成参数传进去，也可以将其他可数容器传进去，是通用的。这两种的用法不一样，主要是因为它们定义的层级不同。

```
1    L = []
2    sorted
3    # <built-in function sorted>
4    sort
5    # Traceback (most recent call last):
6    # File "<stdin>", line 1, in <module>
7    # NameError: name 'sort' is not defined
8    L.sort
9    # <built-in method sort of list object at 0x10dcb2988>
```

2. 元组

元组的用法与列表类似，只是用“( )”而不是用“[ ]”。元组和列表都是有序的容器，差别是元组内的数据是不可以改变的。

```
1    # tuple
2    T = (1, 2, 3, 4, 5, 6)
3    T[0], T[1], T[-1]
4    # (1, 2, 6)
5    T[0] = 999
6    # Traceback (most recent call last):
7    # File "<stdin>", line 1, in <module>
8    # TypeError: 'tuple' object does not support item assignment
```

元组有两个常见的用法（其实列表也支持）。第一个用法是解构，可以将一个 tuple 分配到多个变量。下面的例子中有一个由三个元素组成的元组 a，可以将三个元素一次指定给 x、y、z 三个变量。第二个用法是交换变量，可以用 (x, y) = (y, x) 的方式达到交换 x、y 的效果。

```
1    # 解构
2    a = (1, 2, 3)
3    x, y, z = a
4
5    # 交换变量
6    (x, y) = (y, x)
```

知识拓展

解构与展开

解构（Destruction）和展开（Spread）是容器运算，能够把容器的数据指定到多元素或合并。展开的用法是在容器中使用“**”符号，将变量展开成元素。

```
1     data = [1,2,3]
2     a, b, c = data
3     data = (1, 2, 3)
4     a, b, c = data
5
6     a = [1, 2, 3]
7     b = [2, 3, 4]
8     c = [**a, **b]
9
10    a = {'a': 1, 'b': 2, 'c': 3]
11    b = {'c': 2, 'd': 3, 'e': 4}
12    c = {**a, **b}
```

3. 字典

字典是一种无序的容器数据。因为无序而无法用索引来选取数据，字典必须采用 key 做定位。因此，字典的每一个元素都是一个 key 与 value 组合，使用 { } 来初始化。下面的例子定义了一个由两个元素 'Mark': 1、'test': 0 组成的字典，其 key 是 Mark 和 test，value 是 1,2。我们可以利用索引的方式新增数据，如 d['Mary'] = 2；用 del d['test'] 的方式把特定 key 的数据删除。

```
1    d = {'Mark': 1, 'test': 0}
2    d['Mary'] = 2
3    del d['test']
```

字典的第一个重点是无序转有序。

```
1    my_dict.items()
2    # dict_items([('Mark', 1), ('Mary', 2) ])
3    my_dict.keys()
4    # dict_keys(['Mark', 'Mary'])
5    my_dict.values()
6    # dict_values([1, 2])
```

字典的另一个重点是存取不存在的数据。当用户试图存取 my_dict['Tom'] 时，程序会报错——KeyError，表示该 key 不存在于 my_dict 当中。用户可以使用 get() 或 setdefault() 两个函数来辅助存取，当 key 存在时回传 value，当 key 不存在时返回空，差别在于 setdefault() 除了回传数据，也会把该笔数据写入字典，避免下一次错误。

```
1    my_dict['Tom']
2    # Traceback (most recent call last):
3    # File "<stdin>", line 1, in <module>
4    # KeyError: 'Tom'
5
6    my_dict.get('Tom', ''), my_dict
7    # '', {'Mark': 1, 'test': 0}
8
9    my_dict.setdefault('Tom', 3), my_dict
10   # 3, {'Tom': 3, 'Mark': 1, 'test': 0}
```

4. 集合

集合一种 Python 内建的容器类型，类似于数学中的集合。它是一种无序且元素不重复的数据类型，有交集运算、连集运算、差集运算和对称差运算。实际上，集合常用于去除重复数据。

```
1    admins = {'admin'} # 建立 set
2    users = {'admin', 'user1', 'user2'}
3
4    'Justin' in admins # True
5    admins & users # {'admin'}
6    admins | users # {'admin', 'user1', 'user2'}
7    admins - users # {}
8    admins ^ users # {user1, user2}
```

知识拓展

可变类型与不可变类型

在 Python 中，数据类型还可以依照性质可否改变分成可变（Mutable）类型和不可变（Immutable）类型。

- Mutable objects => list, dict, set
- Immutable objects => int, float, complex, string, tuple

与其他程序语言不同，Python 的运算符“=”不只是赋值运算，还是引用。因此，x = 2 的意义是建立 2 的整型数值对象，再将变量 x 指向该对象的地址（引用），所以把整型这类原子类型定位成不可变的（Immutable）。

2.5 数据运算

运算式（Expression）由运算子（Operator）和运算元（Operand）组合而成。运算子可以结合对象，进行运算操作以计算某些结果。例如，x + y 就是一个运算式，其中，“+”是运算子，x、y 是运算元。Python 的数据运算可以分成以下几种类型。

- 算术运算：数学当中的数值运算，如基本的四则运算（加、减、乘、除）、模数运算、整数除法运算及次方运算。
- 位运算：将数据转换成二进制位，进行比特层次的运算，如 AND、OR、XOR、左右移。
- 比较运算：用来比较两个变量的大小。
- 逻辑运算：用来做布尔运算、逻辑运算。

Python 的运算符如表 2.3 所示。

表 2.3　Python 的运算符

符　　号	意　　义
+	两数相加
-	两数相减
*	两数相乘
/	两数相除
//	整数除法
%	取余数
**	次方
&	按位与运算符
|	按位或运算符
^	按位异或运算符
~	按位取反运算符
==	等于——比较数值是否相等
!=	不等于——比较数值是否不相等
>	大于
<	小于
>=	大于等于
<=	小于等于

续表

符　　号	意　　义
and	且运算——判断两个变量是否同时成立
or	或运算——判断两个变量是否至少一个成立
not	非运算——若变量为 True 则返回 False；若变量为 False 则返回 True

比较运算和逻辑运算是流程控制中重要的控制方法，它们的共同点是都会返回一个布尔值，也就是结果有“是”或“否”两种可能。

流程控制是程序语言决定程序执行的方法。基本上，程序是循序执行的，也就是会由上而下依序逐行运行。流程控制主要有“条件判断”与“循环”两种方式，能够用来增加程序的弹性与运用。

2.6 流程控制

2.6.1 条件判断

条件判断是第一种流程控制，能够在程序当中定义分叉路，所以也称为分支结构。其使用方法是，当条件成立时，程序执行 if 区块，否则执行 else 区块。 if 后面的条件会被转成布尔值，记得不要和 True 及 False 比较，进行数值类型比较时需要明确的比值。

```
1    if 条件一:
2        符合条件一需执行的区块
3    elif 条件二:
4        符合条件二需执行的区块
5    else:
6        不符合任何条件需执行的区块
```

2.6.2 while循环

while 循环是一种重复结构。其使用方法是，当适当条件成立时，程序会持续运行 while 区块。while 区块要设有将条件达成不成立的机制，否则程序会出现无穷循环的状况。

```
1    while 条件:
2        当条件成立时需执行的区块
```

2.6.3 for循环

for 循环是另外一种重复的结构，是使用一个迭代的做法，将某一个容器元素从头到尾遍历一次。

```
1    for i in [...]:
2        条件成立时需执行的区块
```

Python 有 3 个常搭配 for 循环的内建函数 range、zip 和 enumerate，可以有效地使程序更简洁。

range 可以产生一个长度为 n 的序列，如 range(3) 会输出 0、1、2。

```
1    for i in range(3):
2        print(i)
3    # 0
4    # 1
5    # 2
```

zip 是压缩的意思，能够将多个列表依序压缩成一个列表。

```
1    for i, j in zip([a, b, c], [1, 2, 3]):
2        print(i, j)
3    # a, 1
4    # b, 2
5    # c, 3
```

enumerate 叫作枚举，可以在循环时同时指定对应的索引。

```
1    for i,j in enumerate([a, b, c]):
2        print(i, j)
3    # 0, a
4    # 1, b
5    # 2, c
```

2.6.4 循环中断

循环中断 break 和 continue 是两个用于循环的附加功能。break 可以强制终止循环，continue 可以跳过这个回合继续执行循环。

```
1     for i in range(5):
2         print(i)
3     # 0
4     # 1
5     # 2
6     # 3
7     # 4
8
9     for i in range(5):
10        # 当 i > 3 时，跳出for终止
11        if i > 3:
12            break
13        print(i)
14    # 0
15    # 1
16    # 2
17    # 3
18
```

```
19    for i in range(5):
20        # 当 i % 2 == 0 时，跳到下一回合
21        if i % 2 == 0:
22            continue
23        print(i)
24    # 1
25    # 3
```

拓展阅读

解　析　式

解析式（Comprehensions）是 Python 的一种特殊写法，参考了自函数式程序语言（Functional Programming），其实就是将 if 或 for 写成一行，让程序更简洁。

```
1    # if comprehensions
2    a = ... if condition else ...
3
4    # for comprehensions
5    a = [i for i in [...]] # list
```

解析式也可以拼接比较复杂的版本，用法如下。

```
1     [i if i>2 else None for i in [1,2,3,4]]
2     # [None, None, 3, 4]
3
4     result = []
5     for i in [1,2,3,4]:
6         if i>2:
7             result.append(i)
8         else:
9             result.append(None)
10    result
11    # [None, None, 3, 4]
```

2.7　函数与类

函数代表了开发者要求程序做的一件事情的抽象，而类则代表了几件事情以一个逻辑单元为标准的组合。函数和类是所有编程语言不可或缺的组成部分，Python 也不例外。

2.7.1　函数

当发现两个程序片段极为类似，只有当中几个计算用到的数值或变量不同时，可以使用函数来封装程序片段，将流程中引用不同数值或变量的部分设计为参数。例如：

```
1     max1 = a if a > b else b...
2     max2 = x if x > y else y...
```

函数是一种抽象，对流程的抽象。在定义了 max () 函数之后，客户端对求最大值的流程，被抽象为 max(x, y) 这样的函数调用，求值流程实例被隐藏起来。在 Python 中，函数不单只是定义，也是一个值。如下所示，可以将 max 指向的函数指定给 maximum 变量，通过 maximum 来调用。

```
1     def max(a, b):
2         return a if a > b else b
3
4     maximum = max
5     maximum(10, 20) # 传回 20
```

函数的使用分为定义（Definition）与调用（Call）。定义函数部分声明了程序有哪些指令；而函数只有在调用时才会真正地运行。

```
1     #  函数的使用(Def & Call),函数的执行顺序
2
3     # define funcetion
4     def max(a, b):
5         return a if a > b else b
6
7     # call function
8     max(10, 20)
9     x = max(10, 20)
```

定义函数时，除了为函数取名之外，也可以在“()”中设置输入参数。参数是一种沟通函数内与函数外（全局）的方式。用户可以在设置时利用“=”符号指定预设值。

```
1     #  参数与预设值
2
3     def f(x=100, y=200):
4         return x, y
5
6     f() # 100, 200
7     f(1, 2) # 1, 2
```

函数内和函数外是两个不同的区块，又称作用域（Scope），彼此互不影响。函数内的作用域称为本地（Local），函数外的作用域称为全局（Global）。函数内和函数外通过参数和返回值沟通。

```
1     //  作用域(Local & Global)
2
3     x = 999
4     y = 888
5
6     def f(x=100, y=200):
7         print(x, y)
```

```
8           return x, y
9
10      print(x, y) # 999 888
11      f(1, 2) # 1 2
12      print(x, y) # 999 888
13      x, y = f(1, 2) # 1 2
14      print(x, y) # 1 2
```

2.7.2 类

类（Class）是具有相同属性及行为的对象加以抽象定义而成的类型，是一种抽象数据类型（Abstract Data Type，ADT），为对象的蓝图 / 规格。属性指的是静态描述 / 特征值，也就是变量；行为是对属性进行的动作，也就是函数。对象（Object）是类的实例（Instance），每个对象都唯一独立。在 Python 程序执行过程中，可以使用 class 声明类的实例。只有实例（对象）会占用内存空间。

在 Python 中，使用 class 定义类内的数据与操作的函数。函数 __init__ 表示声明类别时会自动执行的函数，第一个参数为 self，表示自己，第二个参数为输入类的数据，用户可以在声明属于该类的对象时，同时传入数据到该对象，传入的数据可以指定给“self.变量名称”，表示该对象有了储存数据的变量。

下面这个示例建立了一个 Animal 类，它有两个属性 name 和 size、一个方法 call()。初始化（__init__）给定一个名称。它的字符串描述（__str__）会是“名称 (str)”。

```
1       class Animal():
2          # 对象建立之后所要建立的初始化动作
3          def __init__(self, name, size):
4              self.name = name
5              self.size = size
6          # 定义对象的字符串描述
7          def __str__(self):
8              return str(self.name + '(str)')
9          def call():
10             print('Call')
```

声明类的对象时，同时传入初始化参数。这里声明了一个 Animal 对象 a，它的属性 name 和 size 的值是 cat 和 small。

```
1     a = Animal('cat', 'small')
2     print(a.name, a.size) # cat small
3     print(a) # cat(str)
```

下面介绍一下类的继承。原有的类可以被继承，延伸出新的类。原有的类被称为基础类（Base Class）或父类（Parent Class），新的类被称为衍生类（Derived Class）或子类（Child Class），这个衍生类自动继承基础类的变量与函数。

用户可以使用 super() 函数调用基础类的函数。若衍生类所需要的功能已经在基础类定义过了，用户就可以调用基础类，复用其程序代码。

当所有衍生类都需要更改，而且所需功能都相同时，若该功能可以通过更改基础类别实现，则直接修改基础类会影响所有的衍生类。利用衍生类与基础类的关系实现程序代码的复用，可以减少程序的错误，发挥对象导向程序设计的优点。以下为类的继承范例。

```
1    class Dog(Animal):
2        def __init__(self, name, age, size):
3            super().__init__('小狗'+name, size)
4            self.age = age
5        def call(self):
6            print('汪汪汪')
7
8    d = Dog('小白', 13, 'small')
9    print(d.name)
```

2.8 错误处理

错误处理（Error Handling）用于当程序运行发生不可预期的错误时的特殊处理。下面的例子当中都有些错误发生。在出现错误的情况下，程序会终止。有些错误可能只是暂时的，或者不影响后面的运作。当程序出现错误时，用户就可以通过错误处理机制来避免程序因为错误而中止。

```
1    10 * (1/0)
2    # Traceback (most recent call last):
3    # File "<stdin>", line 1, in <module>ZeroDivisionError: division by zero
4    4 + spam*3
5    # Traceback (most recent call last):
6    # File "<stdin>", line 1, in <module>NameError: name 'spam' is not defined
7    '2' + 2
8    # Traceback (most recent call last):
9    # File "<stdin>", line 1, in <module>TypeError: Can't convert 'int' object
     to str implicitly
```

1. 捕捉错误

错误处理机制为 try-except 机制，其流程是先进入 try 区块，如果程序发生错误才进入 except 区块而无须终止程序。

```
1    try:
2        x = input("the first number:")
3        y = input("the second number:")
4        r = float(x)/float(y)
5        print(r)
6    except Exception as e:
7        print(e)
```

这里需要对程序中的except做简单说明，except Exception as e表示不管出现什么异常，这里都会捕获，并且将其传给变量e，然后用print(e)把异常信息输出。

2. 强制执行

用户可以用finally语句实现强制执行，即不管有没有进入except区块，程序都必须执行。

```
1    try:
2        file = open("test.py")
3    except:
4        print('Read file error')
5    finally:
6        file.close()
```

上面这个范例是典型的必须使用finally的情境——文件存取。不管开启文件成功或失败，因为已经执行了开启这个动作，所以程序都会最终关闭文件。

另外，用户还可以使用with语句实现强制执行。

```
1    with open("myfile.txt") as f:
2        for line in f:
3            print(line)
```

3. 自定义错误

用户可以用raise自定义错误。

```
1    try:
2        do something
3        raise NameError('HiThere')
4    except Exception as e:
5        do something
6        print(e) # HiThere
```

用户可以进一步自定义错误的类型。

```
1    class MyError(Exception):
2        def __init__(self, value):
3            self.value = value
4        def __str__(self):
5            return repr(self.value)
6
7    try:
8        raise MyError(2*2)
9    except MyError as e:
10       print('My exception occurred, value:', e.value)
```

第 3 章　数据来源与获取

数据分析模型的结果取决于输入的来源数据，数据的质量在很大程度上会决定模型的有效性。本章主要介绍常见的数据来源与获取方式。

本章主要涉及的知识点：

- 数据来源与数据格式；
- 常见的开放数据来源；
- 使用 Python 存取数据的方法；
- API 数据来源。

3.1 数据来源与数据格式

数据是指尚未经整理的第一手数据，没有分类，没有组织，多半包含了有用与没有的记录。通常因为缺乏结构或整理，其实用性低且所占空间大。

知识管理（Knowledge Management）是流程管理学在商业上的应用，指的是从最原始未整理的数据经由一系列系统化的方式产生知识价值的过程。知识管理定义知识生产的 4 个阶段：数据、信息、知识与智慧。

- 数据是指未经处理、整理可能包含许多噪声的第一手素材。
- 信息是指经过整理且可用性得到提高的加工数据。
- 知识是结合使用者的经验与数据、信息进而产生有意义的内容。
- 智慧是将知识转化成创造效益及价值的应用层面。

数据分析其实也是以知识探索为目的的一种方法，更强调如何将数据一层一层挖掘出有价值知识的过程。

3.1.1 数据来源

如果将信息比喻成主厨精心烹调的料理（熟肉），则数据就是未经处理的原料素材（生肉）。因此，如果想要产出好的数据价值，必然要从适合的数据下手。常见的数据分析流程是“思考目标—找数据—整理数据—应用数据”。得益于网络科技的普及，搜索引擎是寻找数据的第一个起步点。除此之外，随着开放数据的话题兴起，现在也有越来越多的官方或非官方组织将其数据公开让大家使用。一般来说，数据拥有方会以下列几种方式发布数据。

- 文件：数据会以文件的形式供用户下载。文件格式一般是常用的标准格式，如 CSV、JSON 等通用格式。如果已经有制式的格式，文件相对容易处理，一般的程序语言或商业软件都具备读取功能。不过还有一些很常见的文件格式，如 XLS、PDF，不是很容易处理，需要更多的工具协助才可以。
- 应用程序接口（Application Program Interface，API）：提供程序化的接口，让工程师 / 分析师可以选择数据中要读取的特定部分，而不需要事先把整批数据都完整下载下来。API 一般直接连接到一个数据库，而数据库储存的数据都是即时最新版本的数据。简单来说，API 可以实现以下功能：用户调用查询功能，服务器根据用户需求回传数据。调用的方式有 POST 或 GET。回传数据一般也是通用格式（如 JSON 或 XML 等）数据。

- 网页爬虫：经常出现数据的地方就是网页。用户常常会发现，数据并不是一个特定的文件，也没有 API 可以使用，而是仅仅出现在网页上。这样，用户就只能自己写一个网页爬虫程序，把自己想用的数据从网页上“爬”下来。

注意 文件与应用程序接口都是由数据拥有方主动提供的，视为优先考量的方法。网页爬虫是由数据拥有方被动揭露的。

3.1.2 数据格式

取得和整理数据是一件麻烦的事情。用户取得数据后必须先花很多时间对数据做整理。因此，数据必然需要以文件的方式存储。几种常见的数据格式如下。

CSV（Comma Separated Values，逗号分隔值）：一种常见的数据格式，使用逗号分隔不同栏位。CSV 文件可以使用一般的文字编辑器以原始格式开启，也可以使用 Excel 或 Number 等试算表软件，以表格方式开启。一般格式如下，第一列标头会记录栏位名称，第二列开始记录数据。

- 优点：结构单纯，人机皆可读，文件小。
- 缺点：结构松散（未限定编码，没有栏位名称），格式容易误判，存在换行问题。

JSON（JavaScript Object Notation，JavaScript 对象简谱）：一种轻量级纯文字数据交换格式。每一笔数据都会用 { 数据属性：数据数值 } 这样 Key-Value 组合的格式记录，也支持以巢状格式存储。

- 优点：可以存放结构较复杂的数据，大部分浏览器支持。
- 缺点：文件较大（不过比 XML 小），不一定适合转换成表格形式。

XML（eXtensible Markup Language，可延伸标记式语言）：一种标记式语言（类似于网页 HTML 格式），支持处理包含各种信息的数据等。

- 优点：可以存放结构较复杂的数据，大多浏览器可帮忙排版成较易读格式。
- 缺点：文件较大（比 JSON 更大），不一定适合转换成表格形式。

3.2 开放数据及其来源

数据从哪里来很重要，除了单位内部长期累积的数据库之外，用户也常有引入外部数据的需求。数据越多、越完整，越可以发挥其隐藏的价值。外部数据除了来自商业合作、策略交换外，开放数据（Open Data）是近年来兴起的一种数据发布方式。

3.2.1　什么是开放数据

开放数据是一种新型的数据发布方式，基于群众外包的概念，对数据采用管理机制，让数据不受版权、专利权的限制。开放数据将数据开放给公众，提供给所有人，大幅降低了数据取得的难度。任何人都可以使用开放数据，使得更多有趣的应用能够结合起来，进而创造更多的价值。

物联网的第一次革命是数字化，将大量的纸质数据电子化。得益于计算机的高速运算，节省了人力成本，以及缩短数据到信息的时间，数年来，人们累积了大量的数据资本。第二次的物联网浪潮是数据分析与人工智能，运算数据与演算法，从数据中探索有意义的知识，进而产生智慧。创新的本质在于创造与结合，我们相信将数据开放，能够带来新的价值。

简单衡量开放数据的两个特点是可用性与可取得性，即数据该用什么方式存取及可以用于何处。通过数据的互用性（Interoperability），数据得以流通与使用，开放数据得以发挥其真正价值。

公开的数据不一定是开放数据，开放数据必须要有更好的可用性与可取得性。可用性可以从数据的栏位、数据的可扩充性等指标来看，必须达到一定的质量水平，才有利用价值。可取得性通常可以通过数据释出的格式及渠道，是不是机器友善、机器可读的来衡量。例如，早期，许多人为了追求数量，在网上发布了许多相似的数据（有的以 PDF 格式出现）。然而，这种数据根本无法直接运用，充其量只能算是公开的数据，称不上是好的开放数据。

全球信息网（World Wide Web，WWW）创始者 Tim Berners-Lee 就基于数据的可用性与可取得性，提出了一套开放数据的星等制度，协助数据拥有者检视其数据的发布品质，并提供改善的方向。

3.2.2　常见的开放数据来源

以下为大家推荐几个国内外重点提供开放数据的平台。

1. 中国

- 北京市政务数据资源网：http://www.bjdata.gov.cn/。
- 上海市政府数据服务网：http://www.datashanghai.gov.cn/。
- 深圳市政府数据开放平台：https://opendata.sz.gov.cn/。

- 中国气象开放服务平台：http://openweather.weather.com.cn/。
- 中国国家数据中心：http://data.stats.gov.cn/。

2. 外国

- 英国国家数据中心：https://data.gov.uk/。
- 日本统计局：http://www.stat.go.jp/。
- 美国政府开放数据：https://www.data.gov/。
- 欧盟数据平台：https://www.europeandataportal.eu/。

3. 非政府单位

- 世界经济贸易合作组织数据库：https://data.oecd.org/。
- 世界银行开放数据：https://data.worldbank.org.cn/。
- 世界卫生组织：http://apps.who.int/gho/data/node.home。
- Google BigQuery 公开数据集：https://cloud.google.com/bigquery/public-data/。
- Google 开放数据搜索：http://www.google.com/publicdata。
- 亚马逊开放数据：https://aws.amazon.com/cn/datasets/。

3.3 如何使用 Python 存取数据

3.3.1 下载文件

下载文件时，用户可使用第三方库——urllib。顾名思义，urllib 是一个用于 URL 的函数库（Library），用于网络请求的库。网络请求具体在做什么？其实就是浏览器的工作，因此浏览器可以处理的工作，urllib 也可以做到。urllib 可以实现网页爬虫、网络自动化连线、文件下载等功能。

该库有 4 个模块，分别是 request、error、parse、robotparser。其中，request 用来处理主动发起的动作，文件下载就是这一类。文件下载的使用方法如下范例所示，函数名称为 urlretrieve，第一个参数存储网址，第二个参数存储名称。

```
1    import urllib.request
2    urllib.request.urlretrieve('http://www.example.com/songs.mp3', 'songs.mp3')
```

如果第一个参数（网址字符串）包含中文，那么必须先做网址编码（URL encoding）。urllib 中的 parse 模块支持网址编码。urllib.parse.urlencode 提供了字典的网址编码，quote 提供了字符串的网址编码，使用方法如下例所示。

```
1    # urlencode 和 quote
2
3    import urllib.parse
4    data={"name":"Tom","age":"18","addr":"abcdef"}
5    print(urllib.parse.urlencode(data))
6    # name=Tom&age=18&addr=abcdef
7    print(urllib.parse.quote("Hello World"))
8    # Hello%20World
```

第二个参数（文件存储名称）预设会是相同目录下的文件名称，等同于加上相对路径“./”的用法。另外一种常见的相对路径用法“../”可表示上一层目录位置。有相对路径，当然就会有绝对路径，“/”表示绝对路径。两种方式都可以用“/”加上不同的数据夹位置。

以上路径“/”用法适用于 UNIX/MacOS 系统，如果系统是 Windows 系统，则改用“\”。程序需要考虑可迁移性，所以这种由不同环境造成使用差异的问题是必须要考虑到的。笔者建议路径可以引入 Python 内建的 os 函数库，其主要提供了操作系统的操作功能。使用 os.path 子模块来代替操作路径的处理。os.path.join 可以完成路径的拼接，os.path.sep 可以找到根目录，os.path.abspath 可以将相对路径转换成绝对路径，使用方式参考如下例。

```
1    os.path.join('usr', 'local', 'bin')
2    # 'usr/local/bin'
3    os.path.sep
4    # '/'
5    os.path.join(os.path.sep, 'usr', 'local', 'bin')
6    # '/usr/local/bin'
7    os.path.abspath('bin')
8    # '/usr/local/bin'
```

注意 文件名称如果包含路径或文件夹，则必须确保文件夹是存在的，不然程序会报错。

3.3.2 读写文件

读写文件是程序语言提供的基本功能，Python 也不例外。通常，使用 Python 处理文件，不用额外引入函数库。在 Python 中，读写文件的函数主要有 4 个：open()（打开文件）、close()（关闭文件）、read()（读文件）、write()（写文件）。open() 函数的第一个参数是文件名称（可以是相对路径或绝对路径），第二个参数是开启模式（存取权限）。存取权限的设置：w 代表写权限，r 代表读权限。

一个基本的文件存取流程是，指定权限开启文件，写入数据或读出数据，关闭文件释放资源。

```
1      fh = open("example.txt", "w")
2      fh.write("To write or not to write\nthat is the question!\n")
3      fh.close()
4      fh = open("example.txt", "r")
5      fh.read()
6      fh.close()
```

关于读写文件，除了直接的字符串操作之外，也可以整行为单位读写文件。

```
1      f.writelines()
2      f.readline()
3      f.readlines()
```

注意 在文件存取机制中，打开文件跟关闭文件必须成对出现，也就是说有开启文件的动作，使用完毕必须要记得关闭文件以释放资源。

3.3.3　自动读写文件

打开文件和关闭文件这种必须成对出现的文件存取机制，很容易给开发人员或网络带来额外的负担。既然打开文件和关闭文件必须成对出现，那么为何不在结束后令其自行关闭呢？下面将介绍 with 语法。with 语法可以用在所有成对出现的操作中，利用缩进的方式表示资源使用完毕，可以释放。使用方法如下。

```
1      with open("example.txt", "w") as fh:
2          fh.write("To write or not to write\nthat is the question!\n")
3
4      with open("example.txt", "r") as fh:
5          fh.read()
```

注意 With 语法是一种上下文管理（Context Manager）的用法，用于必须成对的操作中。

3.3.4　读文件范例

下面用几个例子来说明一个以文件方式公开的数据集如何运用程序方式存取，并且系统化整理成可以用的数据。

1. 范例一

以文件格式释放的数据集，一定要先有文件的网址。当使用浏览器开启网址跳到另存文件的动作时，就可以采用 urllib.request.urlretrieve 程序保存文件。在以下范例中，笔者就将一个 CSV 文件格式的网址下载到本地，并且采用 csv 函数库，对其内容进行解析。

以中国各省（区市）与其区号数据集来讨论，其内容包含中国各省（区市）的区号数据。

```
1   # 下载文件
2
3   import urllib.request # 载入 urllib 函数库
4   res=https://gist.githubusercontent.com/vvtommy/a1bee4cd9e65e6d57b84f35
        f4e4dd5e1/raw/a0aa736eeec30134ca2a2367c55c115be23d5dd1/%25E4%25B8%25
        AD%25E5%259B%25BD%25E5%258C%25BA%25E5%258F%25B7.csv"
5   urllib.request.urlretrieve(res, '中国区号.csv')
6   # 下载文件到本地,存成文件名 test.csv
7
8   # 读文件
9   fh = open("中国区号.csv", newline='')
10  # 开启文件
11  f = fh.read()
12  # 将文件内容读取到字符串 f
13  fh.close()
14  # 关闭文件,释放资源
15
16  # 解析文件内容
17  import csv # 载入 csv 函数库
18  reader = csv.reader(f.split('\n'), delimiter=',')
19  # 利用 csv.reader 存取字符串,转成列表
20  for row in reader:
21      print(row)
22  # 逐行将数据印出
```

除了用原生的文件 I/O 方式外，也可以用 with 语法来简化。

```
1   with open('中国区号.csv', newline='') as csvfile:
2   # 利用 with 简化开启 CSV 文件
3     rows = csv.reader(csvfile)
4     # 读取 CSV 文件内容
5     for row in rows:
6       print(row)
7     # 逐行将数据输出
```

用户通过取得的这些数据可以筛选出哪些信息？尝试以下几种操作。

- 取出包含河北省的数据。
- 将河北省数据的每个市数据用一种数据类型保存。
- 将河北省与河南省所有市数据用一种数据类型分别保存。
- 将河北省和河南省所有市数据存在同一个变量中。
- 计算河北省和河南省共有多少个市。

```
1   # 1.取出包含河北省的数据
2   reader = csv.reader(f.split('\n'), delimiter=',')
3   Hebei = list()
4   for row in reader:
5       if row[1]=="河北":
6           Hebei.append(row)
```

```
7
8       # 2.将河北省数据的每个市数据用一种数据类型保存
9       Hebei_city = list()
10      for row in Hebei:
11          Hebei_city.append(row[2])
12
13      # 3.将河北省与河南省所有市数据用一种数据类型分别保存
14      reader = csv.reader(f.split('\n'), delimiter=',')
15
16      Hebei = list()
17      Henan = list()
18      for row in reader:
19          if row[1]=="河北":
20              Hebei.append(row)
21          elif row[1]=="河南":
22              Henan.append(row)
23
24      Hebei_city = list()
25      Henan_city = list()
26      for row in Hebei:
27          Hebei_city.append(row[2])
28      for row in Henan:
29          Henan_city.append(row[2])
30
31      # 4.将河北省和河南省所有市数据存在同一个变量中
32      total_city = list()
33      total_city.extend(Hebei_city)
34      total_city.extend(Henan_city)
35
36      # 5.计算河北省和河南省共有多少个市
37      len(total_city)
```

以上就是一个很合理的“下载文件→打开文件→读文件”的过程。下载文件是一个固定的过程，而读取文件取决于所需要的应用、想回答的问题。

2. 范例二

如何处理 ZIP 格式数据？首先，必须有文件的网址，利用 urllib.request.urlretrieve 将其存成一个 .zip 文件；接着利用 zipfile 函数库解压缩文件，文件解压缩后会得到多个数据集；再根据对数据的需求进行后续的解析操作，由于这个数据集是用 XML 格式做处理，必须再采用 xmltodict 函数库来将其解析成内建的数据结构。

```
1       # 下载文件
2
3       import urllib.request
4       import zipfile
5
6       dataid = "F-D0047-093"
7       authorizationkey = "rdec-key-123-45678-011121314"
8       res = "http://opendata.cwb.gov.tw/govdownload?dataid=%s&authorizationkey
        =%s" \
```

```
9       %(dataid, authorizationkey)
10      urllib.request.urlretrieve(res,"F-D0047-093.zip")
11      f = zipfile.ZipFile('F-D0047-093.zip')
12      f.extractall()
13
14      # 读文件
15
16      fh = open("64_72hr_CH.xml", "r")
17      xml = fh.read()
18      fh.close()
19
20      # 解析文件内容
21
22      import xmltodict
23      d = dict(xmltodict.parse(xml))
24
25      locations = d['cwbopendata']['dataset']['locations']['location']
26      location = locations[0]
27      print(location['locationName'])
28      print(location['weatherElement'][0]['time'][0]['dataTime'])
29      print(location['weatherElement'][0]['time'][0]['elementValue'])
30      print(location['weatherElement'][0]['time'][1]['dataTime'])
31      print(location['weatherElement'][0]['time'][1]['elementValue'])
```

3. 范例三

欧盟各国空气污染监测站数据集包含欧盟国家空气污染监测站信息，由统计测站分布位置，可得知测站的覆盖度。由于这个数据集是用 XML 格式做处理，因此必须采用 xmltodict 函数库来将其解析成内建的数据结构。

```
1       import urllib.request
2       import zipfile
3       res = "http://ftp.eea.europa.eu/www/AirBase_v8/AirBase_v8_xmldata.zip"
4       urllib.request.urlretrieve(res,"AirBase_v8_xmldata.zip")
5       f = zipfile.ZipFile('AirBase_v8_xmldata.zip')
6       f.extractall("./data/")
7
8       # 读文件
9
10      fh = open("./data/AD_meta.xml", "r")
11      xml = fh.read()
12      fh.close()
13
14      # 解析文件内容
15
16      import xmltodict
17      d = dict(xmltodict.parse(xml))
18      country = d['airbase']['country']
19      stations = d['airbase']['country']['station']
20      print(country['country_name'])
21      print(stations[0]['station_info']['station_name'])
22      print(stations[0]['station_info']['station_latitude_decimal_degrees'])
```

```
23    print(stations[0]['station_info']['station_longitude_decimal_degrees'])
24    print(stations[1]['station_info']['station_name'])
25    print(stations[1]['station_info']['station_latitude_decimal_degrees'])
26    print(stations[1]['station_info']['station_longitude_decimal_degrees'])
```

在下载、存取和解析文件后，可以试着回答下列问题。

- Andorra 国家有几个空气监测站？
- 请取出名称为“Engolasters”的监测站的启用日期。
- 请取出每一个监测站的海拔。
- 依据上述动作用一个最适合的数据类型存储数据。
- 以上都只考虑 Andorra 国家，如何加入其他地区的数据？

```
1     # 1.Andorra国家有几个空气监测站？
2     print(len(stations))
3     ...
4     3
5     ...
6     # 2.请取出名称为"Engolasters"的监测站的启用日期
7     for station in stations:
8         if station['station_info']['station_name']=='Engolasters':
9             print(station['station_info']['station_start_date'])
10    ...
11    2006-02-10
12    ...
13
14    # 3.请取出每一个监测站的海拔
15    for station in stations:
16        print(station['station_info']['station_altitude'])
17    ...
18    1637
19    2515
20    1080
21    ...
22    # 4.依据上述动作用一个最适合的数据类型存储数据
23    station_start_date_dic ={}
24    for station in stations:
25        if station['station_info']['station_name']=='Engolasters':
26            station_start_date_dic[station['station_info']['station_name']]= \
27            station['station_info']['station_start_date']
28
29    print(station_start_date_dic)
30    ...
31    {'Engolasters': '2006-02-10'}
32    ...
33
34    station_altitude_dic ={}
35    for station in stations:
36        station_altitude_dic[station['station_info']['station_name']]= \
37        station['station_info']['station_altitude']
```

```
38
39    print(station_altitude_dic)
40    ...
41    {'Engolasters': '1637', 'Escaldes-Engordany': '1080', 'Envalira': '2515'}
42    ...
43    # 5.以上都只考虑Andorra国家,如何加入其他地区的数据?
44
45    #新增Albania国家数据
46    fh = open("./data/AL_meta.xml", "r")
47    xml = fh.read()
48    fh.close()
49
50    #串联两国家数据
51    al = dict(xmltodict.parse(xml))
52    all_country = list()
53    all_country.append(d)
54    all_country.append(al)
55
56    #输出两国家名称
57    for country in all_country:
58        print(country['airbase']['country']['country_name'])
59    ...
60    Andorra
61    Albania
62    ...
```

3.4 API 数据来源与请求串接存取

API 用于程序与程序间的沟通。换句话说，就是数据拥有方写好程序，用户通过 API 与程序对接，获取数据。

用户可以将文件想象成一包数据，当对方的数据更新 / 修正时，必须重新下载且处理数据。此外同一份文件可能会重复存在许多人的机器上，造成资源的浪费。采用 API 存取数据的方式，一个程序负责管理所有数据，用户通过程序请求的方式一次取得所需的数据，而不会对原始数据造成影响。数据拥有者可以统一对原始数据做更新或修正。相比起来，API 是一种比较友好且容易使用的方式。

3.4.1 Requests库

Requests 库是一个用于 HTTP 请求的第三方函数库，用于协助开发者优雅且方便地开发程序。其实我们在前面提到的 urllib 也能够做一样的工作，但 urllib 一开始的目的是用于网络相关的工作，所以 HTTP 只是其中一小部分。也因为这样的原因，相比于 urllib，Requests 就显得干净而轻量。

数据拥有者通过API释出数据。现在用户常用的请求数据的方式是HTTP方式，也就是说通过网址的请求与数据拥有者进行沟通。HTTP请求方法分成两种：GET和POST。实际上，HTTP的请求方法很多，但因为浏览器实例上的关系，主要还是以这两种方法为主。简单来说，开发者可以得到一个网址，并对这个网址发送特定的HTTP请求，对方服务器收到HTTP请求之后会传回相应的HTTP响应。一般情况下，HTTP响应会将数据包装成JSON格式的字符串，用户收到后相对容易处理。

下面展示几个常见的用法：

```
1    import requests
2    # 引入函数库
3    r = requests.get('https://github.com/timeline.json')
4    # 请求数据的目标网址
5    response = r.text
6    # 模拟发送请求的动作
```

给网址加参数有两种方法：第一种方法是在requests方法中带上参数，如requests (url，params=params)；第二种方法是直接修改url字串，如requests(url+'?a=a&b=b')。另外，用户可以在requests的回传结果中利用变量查询状态，如利用status_code可以查HTTP状态，利用encoding可以看编码状态。

```
1    payload = {'key1': 'value1', 'key2': 'value2'}
2    r = requests.get("http://httpbin.org/get", params=payload)
3    r = requests.get("http://httpbin.org/get?key1=value1&key2=value2")
4
5    r.status_code # 200
6    r.encoding # utf-8
```

设置HTTP标头headers，可以让Request更像浏览器发出的内容。一般而言，HTTP标头会记载发出方的信息，如使用的浏览器版本、发出时间、使用权限等。

```
1    url = 'https://api.github.com/some/endpoint'
2    headers = {'user-agent': 'my-app/0.0.1'}
3
4    r = requests.get(url, headers=headers)
```

换成用HTTP Post的方法，带数据的参数变成data。

```
1    payload = {'key1': 'value1', 'key2': 'value2'}
2
3    r = requests.post("http://httpbin.org/post", data=payload)
4    print(r.text)
```

这个库包也支持HTTP的其他方式，如PUT、DELETE、PATCH等。

```
1    r = requests.put('http://httpbin.org/put', data = {'key':'value'})
2    r = requests.delete('http://httpbin.org/delete')
3    r = requests.head('http://httpbin.org/get')
```

```
4      r = requests.options('http://httpbin.org/get')
```

3.4.2 常见的API串接手法

以下精选了一些国内外常用的数据 API 作为案例，演示如何串接，以及串接后可以做哪些应用。

1. 案例一

```
1      import requests
2      # 引入函数库
3      r = requests.get('https://www.dcard.tw/_api/forums/job/posts?popular=true')
4      # 想要请求数据的目标网址
5      response = r.text
6      # 模拟发送请求的动作
7
8      import json
9      data = json.loads(response)
10
11     for d in data:
12         print(d['title'])
```

2. 案例二

Great Britain 区域炭密度预测数据含 Great Britain 每天的实际炭密度值和预测炭密度值，由过去炭密度值和现在炭密度值的差值可统计出炭排放趋势。

```
1      import requests
2      # 引入函数库
3      r = requests.get('https://api.carbonintensity.org.uk/intensity/date/2018-04-12')
4      # 想要请求数据的目标网址
5      response = r.text
6      # 模拟发送请求的动作
7
8      import json
9      data = json.loads(response)
10
11     for d in data['data']:
12         print(d)
```

- 这个 API 一次会回传几笔数据？每一笔数据包含哪些栏位？
- 取出每一笔数据的“from” “to” “actual” “forecast”。
- 计算“平均 actual”与“平均 forecast”。
- 计算“2019-04-12”的“平均 actual”与“平均 forecast”。
- “2019-04-12”和“2018-04-12”的“平均 actual”与“平均 forecast”相差多少？

```
1      # 1.这个 API 一次会回传几笔数据?每一笔数据包含哪些栏位?
2      print(len(data['data']))
3      print(data['data'][0].keys())
```

```
4      print(data['data'][0]['intensity'].keys())
5      ...
6      48
7      dict_keys(['to', 'intensity', 'from'])
8      dict_keys(['actual', 'forecast', 'index'])
9      ...
10
11     # 2.取出每一笔数据的"from"、"to"、"actual"、"forecast"
12     f = list()
13     t = list()
14     actual = list()
15     forecast = list()
16     for row in data['data']:
17         f.append(row['from'])
18         t.append(row['to'])
19         actual.append(row['intensity']['actual'])
20         forecast.append(row['intensity']['forecast'])
21
22     # 3.计算"平均actual"与"平均forecast"
23     actual_sum =0
24     forecast_sum =0
25     for row in actual:
26         actual_sum += row
27     for row in forecast:
28         forecast_sum += row
29     print(actual_sum/len(actual))
30     print(forecast_sum/len(forecast))
31     ...
32     275.1875
33     243.6875
34     ...
35
36     # 4.计算"2019-04-13"的"平均actual"与"平均forecast"?
37     r = requests.get('https://api.carbonintensity.org.uk/intensity/date/2019-04-12')
38     response = r.text
39     data = json.loads(response)
40
41     actual_sum_other =0
42     forecast_sum_other =0
43     for row in data['data']:
44         actual_sum_other += row['intensity']['actual']
45         forecast_sum_other += row['intensity']['forecast']
46
47     print(actual_sum_other/len(data['data']))
48     print(forecast_sum_other/len(data['data']))
49     ...
50     254.33333333333334
51     254.52083333333334
52     ...
53
54     # 5."2019-04-13"和"2018-04-13"的"平均actual"与"平均forecast"相差多少?
55     print(actual_sum_other/len(data['data'])- actual_sum/len(actual))
56     print(forecast_sum_other/len(data['data'])- forecast_sum/len(forecast))
```

```
57      ...
58      -20.854166666666657
59      10.833333333333343
60      ...
```

3. 案例三

来自 OpenWeatherMap 的数据 5 day weather forecast 包含各城市的历史小时天气数据与各城市预测的天气变化，可统计出天气平均变化和变化幅度明显的时段。

```
1       import requests
2       # 引入函数库
3
4       id = '1816670'
5       appid = 'a436ac0a93354f5fa133bae3bdac76d0'
6       url = "https://api.openweathermap.org/data/2.5/forecast?id=%s&appid=%s"
        %(id, appid)
7       r = requests.get(url)
8       # 想要请求数据的目标网址
9       response = r.text
10      # 模拟发送请求的动作
11
12      import json
13      data = json.loads(response)
14
15      for d in data['list']:
16          print(d['weather'][0]['description'])
```

- 这个免费 API 的使用限制是什么？
- 取出数据所在的“城市名称”和计算总共预测几个时段数据。
- 取出每笔预测数据的“湿度”“温度”。
- 计算“平均湿度”与“平均温度”。
- 预测最热的时段。

```
1       # 1.这个免费API的使用限制是什么?
2       # 每分钟最多查询60次
3
4       # 2.取出数据所在的"城市名称"和计算总共预测几个时段数据。
5       print(data['city']['name'])
6       print(len(data['list']))
7       ...
8       Beijing
9       40
10      ...
11      # 3.取出每笔预测数据的"湿度""温度"。
12      humidity = list()
13      temp = list()
14      for row in data['list']:
15          humidity.append(row['main']['humidity'])
16          temp.append(row['main']['temp'])
17
```

```
18      # 4.计算"平均湿度"与"平均温度"。
19
20      #加总湿度与温度数据
21      humidity_total = 0
22      for h in humidity:
23          humidity_total += h
24
25      temp_total = 0
26      for t in temp:
27          temp_total += t
28
29      #湿度、温度总和除以总预测时段数量
30      print(humidity_total/len(data['list']))
31      print(temp_total/len(data['list']))
32      ...
33      33.575
34      289.74392499999993
35      ...
36      # 5.预测最热的时段。
37      #找出有最高温度的数据
38      tmp = 0
39      d = None
40      for row in data['list']:
41          if row['main']['temp'] > tmp:
42              tmp = row['main']['temp']
43              d = row
44      #输出数据的时间
45      print(d['dt_txt'])
46      ...
47      2019-04-17 09:00:00
48      ...
```

第 4 章　网络爬虫的技术和实战

数据是整个数据分析的开端，“数据与特征决定了分析的上限，模型只是逼近这个上限而已”，好的数据扮演着不可或缺的角色。获数据的方式有以下几种常见的形式：文件、API 与网页爬虫。本章将对网页爬虫相关内容进行探讨。

第 4 章讨论的是网络爬虫的实例技术，从了解网页的数据沟通方式开始。根据不同的网站运作，网站分成静态网站与动态网站，而不同类型的网站也有各自的爬虫程序处理策略。4.1 节介绍了网络传输的核心协议 HTTP，4.2 节和 4.3 节分别介绍了静态网页与动态网页爬虫的运作策略，4.4 节讨论了实践中的爬虫应用。

本章主要涉及的知识点：

- HTTP 网站架构；
- 静态网页爬虫；
- 动态网页爬虫；
- 爬虫应用。

4.1 认识 HTTP 网站架构与数据沟通方式

网页爬虫是一种基于网页的数据提取程序，利用程序自动化与内容解析的操作，将数据系统性地存取汇整。在开始进行爬虫之前，用户必须先了解数据是如何呈现在网页上的。网站的运作角色分为客户端与服务器端两种。数据如何在这两者之间沟通是由 HTTP 所定义的，HTTP 负责网站的运算与沟通规范。

4.1.1 网站前后端运作架构

用户是如何看到一个网页上的内容的呢？用户从打开浏览器、输入网址到取得网页画面的过程基本上可以拆成以下几个步骤。

（1）客户端（Client-side）通过浏览器（Browser）发出请求，称为 HTTP 请求。

（2）服务器（Server-side）收到请求，根据请求处理后响应，称为 HTTP 响应。

（3）产生的响应如果是纯数据，则属于 API 的一种；如果是网页，则回传一个包含 HTML 标签的网页格式。

（4）浏览器收到包含 HTML 标签的网页格式的响应后，根据内容呈现网页样式给使用者。

这样基于请求（Request）与响应（Response）的信息交换机制，是基于 HTTP（Hyper Text Transfer Protocol）协定的规范。HTTP 是一种客户端（浏览器）和服务器端（主机）之间沟通的标准，规范了客户端与服务器端之间如何传输数据。这个协议的目的是提供一种发布和接收 HTML（Hypertext Markup Language，超文本标记语言）页面的方法，让网页的呈现有一个标准。

简单来说，HTTP 规范客户端发送一个 HTTP 请求，服务器端根据请求回传一个 HTTP 响应。使用者通过浏览器或其他工具发送 HTTP 请求，分成 GET 和 POST 两种方法。服务器响应给使用者的 HTTP 响应也可以分成两种样式，即“包含 HTML 的网页”或“只包含数据的字符串”，如图 4.1 所示。

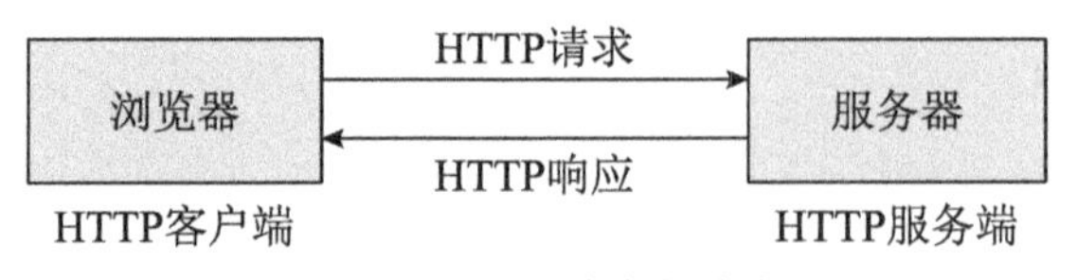

图 4.1　HTTP 请求与响应

HTTP 是基于 TCP 之上的应用层协定，默认端口号（PORT）为 80。HTTPS 是在 HTTP 下加入 SSL 层，或称为 HTTP 的安全模式版本，默认端口号（PORT）为 443。不论是 HTTP 还是 HTTPS，存取资源都是一个网址（URL）。

4.1.2　网页结构解析

HTTP 请求的返回形式有两种：一种是纯数据的 API，另一种是包含 HTML 的网页。API 是封装成特定格式的字符串类型，常见的如 JSON、JSONP、XML，存取上容易快速解析。所谓的 HTML，其实就是现在大家所看到“网页”的原始码。在真实的使用情景下，网页除了 HTML，还包含了 CSS 与 JavaScript 两种程序码。用过 HTML、CSS 与 JavaScript，浏览器可以将网页解析成对使用者更友善的形态，可能包含美化过的样式、与行为事件的交互等。一个基本的网页的原始码如下所示。

```
1      <html>
2      <head>
3        <title>Page Title</title>
4        <style>
5          # ===== CSS code 放在这边 =====
6        </style>
7        # ===== 或这样用 =====
8        <link rel="stylesheet" href="style.css">
9      </head>
10     <body>
11         …
12         <script>
13         # ===== JavaScript code 放在这边 =====
14       </script>
15       # ===== 或这样用 =====
16       <script type="text/javascript" src="myscript.js"></script>
17     </body>
18     </html>
```

HTML 用于结构化网页内容。 DOM（Document Object Model，文件对象模型）指的是 HTML 当中的对象。每个“< >”符号中的标签称为一个元素，浏览器的画面是由 DOM 组成的，多个 DOM 会组成一个树状结构，彼此间有阶层关系，如图 4.2 所示。

HTML 结构为一个树状结构，如图 4.3 所示。

每一个 HTML 元素称为一个 DOM，其中包含标签、属性和内容。以下这个例子即一个 h1 的标签，它的 style 属性是 color: red，而它的内容如图 4.4 所示。

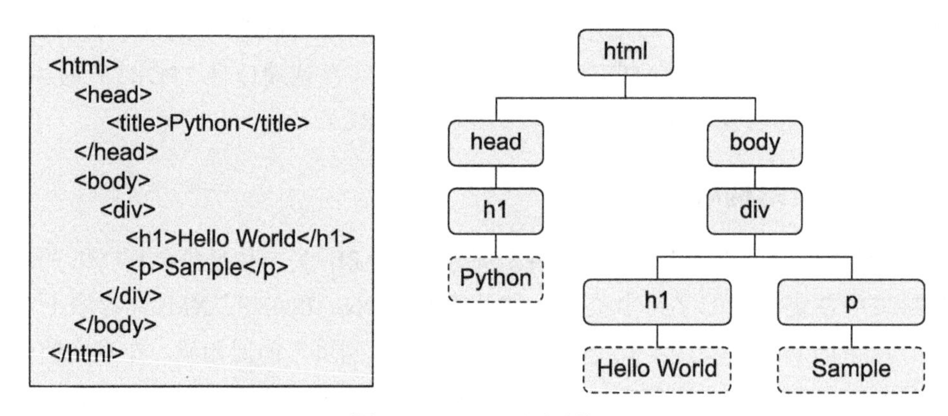

图 4.2　HTML 网页结构

注：图中英文均为 HTML 元素名称。

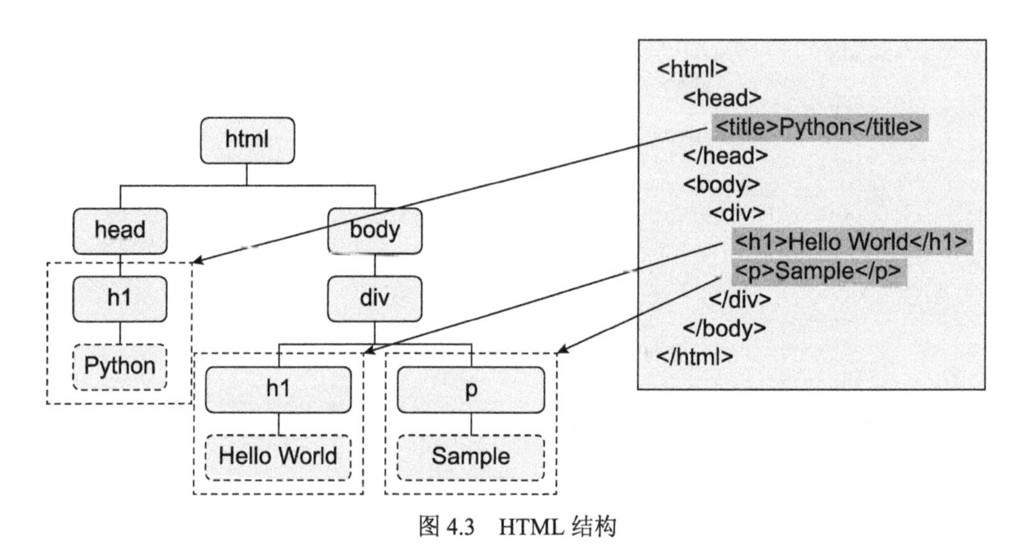

图 4.3　HTML 结构

注：图中英文均为 HTML 元素名称。

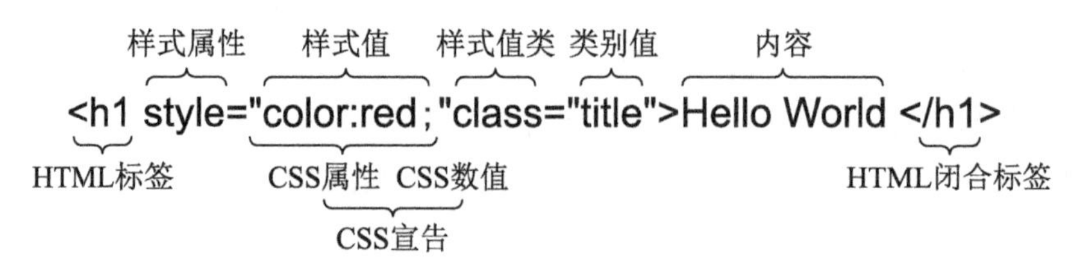

图 4.4　HTML DOM 元素

注：图中英文均为 HTML 标记的元素和属性名称。

对于爬虫程序而言，用户不需要非常熟悉 HTML 语法，但是至少要知道几个属性：id、class、name。id 是 HTML 元素的唯一识别码，在一个网页中是不可重复的，主要用于定位与辨识。name 主要是用于获取提交表单的某表单域信息，同一表单内不可重复。class 是设置标签的类，用于指定元素属于何种样式的类，允许同一样式元素使用重复的类名称。

CSS（Cascading Style Sheets，层叠样式表）用于为HTML页面的图形表达设计样式。CSS 语法可以写在以下几个位置：HTML元素的 style 属性中（inline CSS）、HTML的 head 中，外部引入CSS 文件。CSS 的语法包含选择器与该选择器的样式类型，如下所示。

```
1	// 设置 body 标签的 color 为 black
2	body {
3	  color: black;
4	}
5	// 设置 Class = c1 的对象的 color 为 blue
6	.c1 {
7	  color: blue;
8	}
9	// 设置 ID = i1 的对象的 color 为 red
10	#i1 {
11	  color: red;
12	}
```

CSS样式包括选择器（Selector）和规则（Rule），如图4.5 所示，规则由属性和数值组成。用以规范符合选择器的元素，应该要用什么样式呈现。选择器可以设置 HTML 标签，也可用 class、id 或 name 进行定位。

图 4.5　CSS 元素

注：图中英文均为 CSS 元素及属性名称。

JavaScript 是一种动态脚本语言，是一种在浏览器上执行在网页加载完成之后才执行的程序语言，如图 4.6 所示。JavaScript 主要的工作包含：

- HTML DOM/CSS 的操作。
- HTML 事件函数 / 监听。
- JavaScript 特效与动画。

- AJAX 非同步的网页沟通。

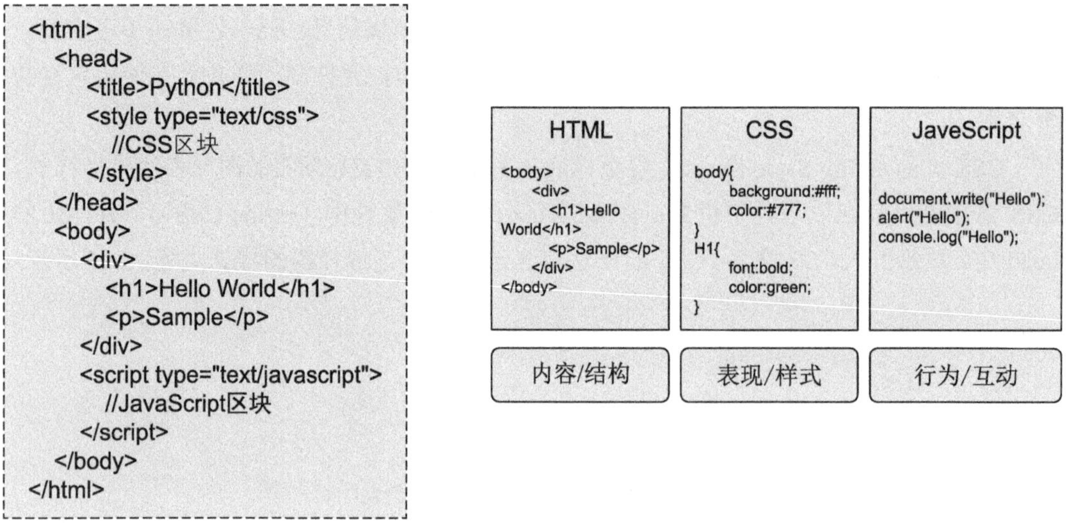

```
<html>
  <head>
    <title>Python</title>
    <style type="text/css">
      //CSS区块
    </style>
  </head>
  <body>
    <div>
      <h1>Hello World</h1>
      <p>Sample</p>
    </div>
    <script type="text/javascript">
      //JavaScript区块
    </script>
  </body>
</html>
```

HTML

```
<body>
    <div>
        <h1>Hello
World</h1>
        <p>Sample</p>
    </div>
</body>
```

内容/结构

CSS

```
body{
    background:#fff;
    color:#777;
}
H1{
    font:bold;
    color:green;
}
```

表现/样式

JaveScript

```
document.write("Hello");
alert("Hello");
console.log("Hello");
```

行为/互动

图 4.6　HTML、CSS、JavaScript

4.1.3　静态网页与动态网页

基于传统的 HTTP 协定，一个 HTML 请求会搭配回传一个 HTML 响应，具有这样行为的网页称为静态网页。在静态网页中，每通过一次使用者请求，后端就会产生一次网页响应，所以请求与响应是一对一的，而且每次的响应都是完整的 HTML，这种行为称为同步。

动态网页产生数据的方式有别于静态网页，是通过 AJAX（Asynchronous JavaScript and XML）的技术来完成非同步的数据传输的。换句话说，网页可以在任何时间点发送请求给服务器端，但后端只响应数据，而不是响应整个网页。

AJAX 是一种在浏览器中让页面不会整个重载的情况下发送 HTTP 请求的技术。在使用 AJAX 与服务器沟通的情况下，整个页面不会重新载入，而只是传递最小的必要数据。原生的老旧 AJAX 实现标准为 XHR，设计得十分粗糙，不易使用，而 jQuery 中的 AJAX 功能是前端早期相当普及的 AJAX 封装，使得 AJAX 使用起来容易许多，如图 4.7 所示。

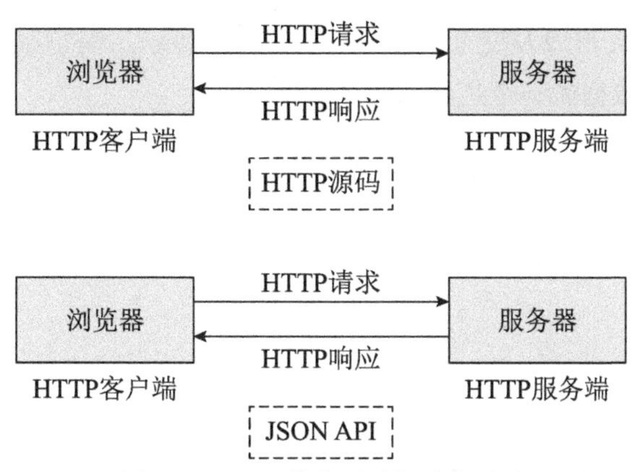

图 4.7　HTTP 静态网页与动态网页

下面讨论两个问题：动态网页与静态网页比起来有什么好处？动态网页只取得数据，如何呈现在网页画面上？在回答第一个问题之前，先思考一下静态网页可能存在的问题，每一次新的请求都回传一个完整的 HTML 请求。如果仅是小部分的更新，也必须处理其他重复的 HTML 响应。更糟的情况是，如果 HTML 包含比较多的资源，这会徒增系统的沟通负担，如大量图片的存取。对于第二个问题，可以搭配 JavaScript 的操作，将数据再插入网页中。因为 JavaScript 本来就可以用来处理 DOM 的操作。

4.2　网页爬虫之静态网页篇

本节先来讨论静态网页的数据爬虫该如何处理。静态网页的运作原来是同步的，一个 HTML 请求会伴随一个完整的 HTML 响应。

4.2.1　静态网页概述

所谓的静态网页，表示网页是在服务器就已经产生回来的，所以用户看到的网页上的数据是固定的（除非重新要求服务器）。数据、网页、浏览器三者是怎么被联系起来的呢？一般来说流程是这样的：

（1）HTTP 请求：从客户端通过浏览器发出的请求。

（2）HTTP 回应：服务器（HTTP 服务端）收到请求，根据请求处理后回应。

（3）浏览器的解析收到的 HTML 源码，根据内容呈现网页样式给用户。

像这样在客户端与服务端之间，实现信息交互的传输协议称为超文本传输协议（HTTP）。

以上就是一个网页形成及交互的过程，如图 4.8 所示。简单来说，网络爬虫就是模拟使用者的行为，用数据做一个拦截的动作。

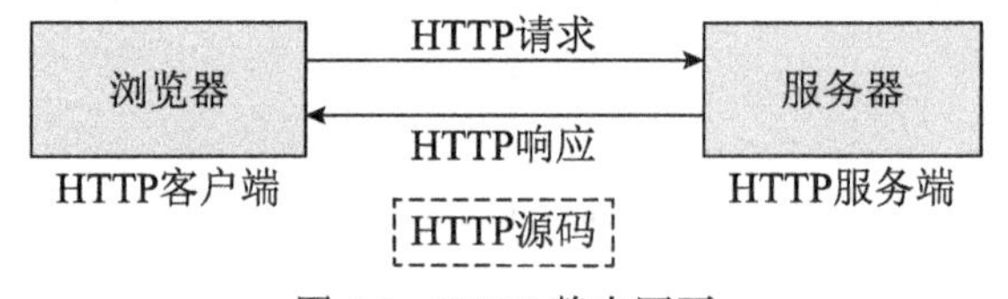

图 4.8　HTTP 静态网页

静态网页网络爬虫基本上可以简化为：

（1）模拟请求和拦截响应。

（2）从响应整理数据。

分别利用 Requests 和 BeautifulSoup 这两个函数库进行。

4.2.2　使用Requests取得网页数据

Requests 是一个 Python HTTP 库，该项目的目标是使 HTTP 请求更简单、更人性化。它在网络爬虫中主要负责发送 HTTP 请求和接收 HTTP 请求。我们可以利用 Requests 模块模拟发送请求并且拦截响应的操作。

基础用法使用的是 get 函数，即用 GET 方法发送 HTTP 请求。取回的数据是一个 HTTP 对象，而用户只需要其中的文字部分（可以利用 text 取出）。如下范例程序中的 r.text 其实就是我们需要的 Response 部分，是一个包含 HTML 语法的字符串。

```
1      import requests
2      # 引入函数库
3      r = requests.get('https://github.com/timeline.json')
4      # 想要请求数据的目标网址
5      response = r.text
6      # 模拟发送请求的动作
```

除了基本的请求和发送之外，我们也会需要根据应用传送所需的数据。在发送的过程中，有两种带数据的方式：网址参数和标头。网址参数直接放在网址后，用 ?、&、= 符号做区隔。在 Requests 中，用 params 参数，模块会进行处理。

```
1      import requests
2      # 引入函数库
3      payload = {'key1': 'value1', 'key2': 'value2'}
4      # 将参数包装成字典类型
5      r = requests.get("http://httpbin.org/get", params=payload)
6      # 发送请求到目标网址,并且设置参数
7      print(r.url)
8      # http://httpbin.org/get?key1=value1&key2=value2
```

第二种标头的部分是带在网页传输封包中，可以通过 headers 参数设置。

```
1       import requests
2       # 引入函数库
3       url = 'https://api.github.com/some/endpoint'
4       headers = {'user-agent': 'my-app/0.0.1'}
5       # 将标头包装成字典类型
6       r = requests.get(url, headers=headers)
7       # 发送请求到目标网址,并且设置标头
8       print(r.headers) # 这里显示的标头并不是请求带的,而是回传带的
9       '''
10         {'Server': 'GitHub.com', 'Date': 'Mon, 26 Aug 2019 14:41:13 GMT',
'Content-Type': 'application/json; charset=utf-8', 'Transfer- Encoding':
'chunked', 'Status': '404 Not Found', 'X-RateLimit-Limit': '60', 'X-RateLimit-
Remaining': '59', 'X-RateLimit-Reset': ' 1566834073', 'X-GitHub-Media-
Type': 'github.v3; format=json', 'Access-Control-Expose-Headers': 'ETag,
Link, Location, Retry-After, X-GitHub-OTP, X-RateLimit-Limit, X-RateLimit-
Remaining, X-RateLimit-Reset, X-OAuth-Scopes, X-Accepted-OAuth-Scopes, X-Poll-
Interval, X-GitHub-Media-Type', 'Access- Control-Allow-Origin': '*', 'Strict-
Transport-Security': 'max-age=31536000; includeSubdomains; preload', 'X-Frame-
Options': 'deny', 'X-Content-Type- Options': 'nosniff', 'X-XSS-Protection':
'1; mode=block', 'Referrer-Policy': 'origin-when-cross-origin, strict-origin-
when-cross-origin', ' Content-Security-Policy': "default-src 'none'", 'Content-
Encoding': 'gzip', 'X-GitHub-Request-Id': 'BED5:0E0D:10CCC85:2A4BF63:5D63EF89'}
11      '''
```

标头带在网页传输封包中，通常会带一些与发送方有关的信息，如浏览器版本、时区、登录权限等。实际上，标头可以用于为信息做初步的身份检查，确保信息来自于合法的浏览器或客户端。以下例子分别是带标头和没带标头的。从结果可以发现，前者不会回传正确数据，有可能是因为它被发现来自非法的发送方。

```
1       import requests
2       # 引入函数库
3
4       url = 'https://www.aicoin.net.cn/'
5       r = requests.get(url)
6       # 发送请求到目标网址
7       print(r.text)
8       # 输出结果,发现结果出现乱码
9
10      '''
11         <!DOCTYPE html><html style="height:100%;width:100%"><head><meta http-equ
           iv="Content-Type" content="text/html; charset=utf-8" /><meta http-equiv=
           "Server" content="CloudWAF" /><title id="title">è®¿ é ®è¢«æ ¦æ ªï¼ </title>
            ... </html>
12      '''
```

加上 header 后，输出结果就正常了。

```
1       import requests
2       # 引入函数库
3
```

```
4     url = 'https://www.aicoin.net.cn/'
5     headers = {
6         'User-Agent': 'Mozilla/5.0 (Macintosh; Intel Mac OS X 10_12_6) AppleWebKit/
            537.36 (KHTML, like Gecko) Chrome/66.0.3359.181 Safari/537.36'
7     }
8     # 将标头包装成字典类型
9     r = requests.get(url, headers=headers)
10    # 发送请求到目标网址,加上标头
11    print(r.text)
12
13    '''
14    <!DOCTYPE html><html><head><meta charSet="utf-8" class="next-
       head"/><meta name="viewport" content="width=device-width, initial-
       scale=1 " class="jsx-2966286125 next-head"/><link rel="canonical"
       href="https://www.aicoin.net.cn?lang=zh" class="jsx-2966286125 next-
       head"/ ><title class="jsx-2966286125
       next-head">AICoin - 为价值・ 更高效</title> ... </html>
15    '''
```

4.2.3 使用BeautifulSoup解析网页

在前述的例子中，用户可以取回包含 HTML 语法的字符串，接着目标就是从这个字符串中取出需要的部分。BeautifulSoup 是一个 Python 包，功能包括解析 HTML、XML 文件，修复含有未闭合标签等错误的文件。这个扩充包为待解析的页面建立一个树状结构，以便提取其中的数据。其主要负责网页爬虫中的解析数据部分。

下面来看一个基本用法，先设置一段 HTML 格式的字符串（之后会由 Response 取回，这里只是先加设），再把它输入 BeautifulSoup 转换成一个对象。这个对象其实就是一个以 HTML 元素为主的树状结构。

```
1     html_doc = """
2     <html><head><title>The Dormouse's story</title></head>
3     <body>
4     <p class="title"><b>The Dormouse's story</b></p>
5
6     <p class="story">Once upon a time there were three little sisters; and their
        names were
7     <a href="http://example.com/elsie" class="sister" id="link1">Elsie</a>,
8     <a href="http://example.com/lacie" class="sister" id="link2">Lacie</a> and
9     <a href="http://example.com/tillie" class="sister" id="link3">Tillie</a>;
10    and they lived at the bottom of a well.</p>
11
12    <p class="story">...</p>
13    """
14
15    soup = BeautifulSoup(html_doc)
16    soup
```

将转换后的对象称为 Soup 对象，以下先示范几种用法。每一个 Soup 对象都会有一个 title，这个 title 指的是 HTML 中的 <title></title> 对象。title.name 取出的是标签名称，title.string 可以取到中间内容的文字。

```
1    soup.title
2    # <title>The Dormouse's story</title>
3
4    soup.title.name
5    # u'title'
6
7    soup.title.string
8    # u'The Dormouse's story'
```

还可以用点的方式取到标签，用切片的方式取到属性。例如，以下范例中的 soup.p 可以取到 p 对象，soup.p['class'] 可以取出 p 对象的 class 属性。

```
1    soup.p
2    # <p class="title"><b>The Dormouse's story</b></p>
3
4    soup.p['class']
5    # u'title'
6
7    soup.a
8    # <a class="sister" href="http://example.com/elsie" id="link1">Elsie</a>
9
10   soup.a['href']
11   # "http://example.com/elsie"
```

不过这样都只会预设取到第一个符合条件的对象，也可以改用 find( ) 来达成。如果想要取出所有符合条件的对象，必须要改成用 find_all( ) 方法。

```
1    soup.find('a')
2    # <a class="sister" href="http://example.com/elsie" id="link1">Elsie</a>
3
4    soup.find_all('a')
5    # [<a class="sister" href="http://example.com/elsie" id="link1">Elsie</a>,
6    # <a class="sister" href="http://example.com/lacie" id="link2">Lacie</a>,
7    # <a class="sister" href="http://example.com/tillie" id="link3">Tillie</a>]
```

在 find( ) 方法中，可以加入条件来做筛选，常用的筛选条件是 id 或 class，少数情况会用到 name。要注意的是，因为 class 是 Python 的关键字，所以这里的参数是 class_。

```
1    story = soup.find(id='story')
2    print(story)
3
4    title = soup.find("p", class_="title")
5    print(title)
6
7    sister = soup.find_all("a", class_="sister")
8    print(sister)
```

4.2.4 静态网页爬虫的实际案例

第一个范例利用 request+bs4 进行网页爬虫。目标是在最好大学网网站上爬取世界大学学术排名前 1000 位的学校名称。

- 数据来源：最好大学网。
- 数据概述：世界大学学术排名列表 2019。

```
1      from bs4 import BeautifulSoup
2      import requests
3
4      #查询世界大学学术排名网站
5      rep = requests.get("http://www.zuihaodaxue.cn/ARWU2019.html")
6
7      # 显示网页使用的编码方式,设置爬虫解析编码
8      print(rep.apparent_encoding)
9      rep.encoding = rep.apparent_encoding
10
11     # 解析网页 html
12     html = rep.text
13     soup = BeautifulSoup(html, 'html.parser')
14
15     # 使用CSS Selectors 定位数据在html中的位置
16     university = soup.select("tbody tr td.align-left a")
17     for row in university:
18         print(row.text)
19
20     # 哈佛大学
21     # 斯坦福大学
22     # 剑桥大学
23     # ...
```

第二个范例利用 request+bs4+header 进行网页爬虫。目标是爬取上海房天下网站本月开盘的新房名称列表。这个网站必须加上标头（headers）才可以回传正确数据。

- 数据来源：上海房天下网站。
- 数据概述：提供各种类型房子的买房、租房信息。

```
1      from bs4 import BeautifulSoup
2      import requests
3
4      headers = {
5        'User-Agent': 'Mozilla/5.0 (Macintosh; Intel Mac OS X 10_12_3)
         AppleWebKit/537.36 (KHTML, like Gecko) Chrome/56.0.2924.87 Safari/537.36'
6      }
7      rep = requests.get("https://newhouse.fang.com/house/saledate/201908.
           htm", headers = headers)
8
9      #显示网页使用的编码方式,设置爬虫解析编码
10     print(rep.apparent_encoding)
```

```
11      rep.encoding = rep.apparent_encoding
12
13      # 解析网页 html
14      html = rep.text
15      soup = BeautifulSoup(html, 'html.parser')
16
17      # 取得储存房子信息的div列表
18      houses = soup.find_all("div",class_="nlcd_name")
19
20      # 解析每个div的房子名称
21      for house in houses:
22          print(house.find_all("a")[0].text)
23
```

4.3　网页爬虫之动态网页篇

4.3.1　动态网页概述

动态网页与静态网页最大的不同是数据是在什么时间点取得的。动态网页是在浏览器已经取得 HTML 后，才通过 JavaScript 在需要时动态地取得数据。因此，其爬虫程序也必须要考虑动态取得数据这件事情，才有办法正确地找到想要的数据。

一般来说，动态网页取得数据的流程是这样的：

（1）客户端通过浏览器发出请求，称为 HTTP 请求。

（2）服务器收到请求，根据请求处理后响应，称为 HTTP 响应。

（3）产生的响应如果是纯数据，则属于 API 的一种；如果是网页，则会回传一个包含 HTML 标签的网页格式。

（4）浏览器收到包含 HTML 标签的网页格式的响应后，通常会接收到一个相对空的 HTML。

（5）当浏览器解析 HTML 后，开始运行 JavaScript 时会动态地调用 API Request 取得数据，才会慢慢取得数据。

（6）浏览器中的 JavaScript 会将数据更新到现有的 HTML 上，将网页呈现给使用者。

动态网页必须在 JavaScript 第一次 Request 后，再动态载入更多的数据。因此，依据过去传统的 HTTP 一来一回的机制，会找不到时机点执行动态的 Request 更新。另外，单纯靠 Python 程序，也无法执行 JavaScript，如图 4.9 所示。

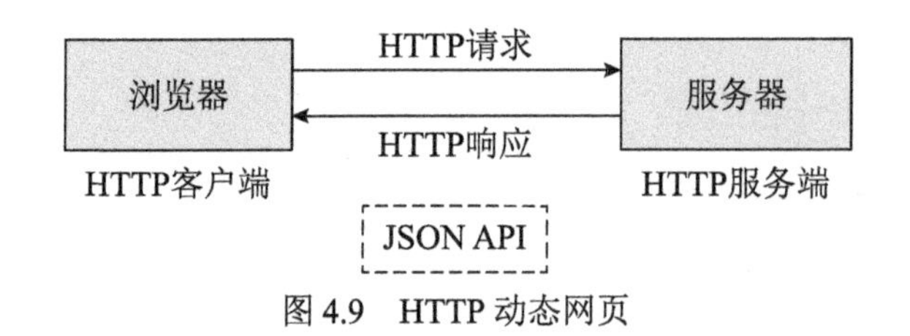

图 4.9　HTTP 动态网页

动态网页爬虫有两种策略。

策略一：模拟使用者打开浏览器，等到浏览器执行完 JavaScript，真的取得数据之后才存取。

策略二：模拟 JavaScript 取得新数据。

4.3.2　自动化浏览器交互

原本静态网页爬虫的策略是模拟 Request，自动化浏览器交互模拟得更多一点，改为模拟客户端从发出 Request 到 JavaScript 动态载入数据的过程。也就是说，自动化浏览器交互模拟的是从使用者打开浏览器的行为，到模拟器执行 JavaScript 动态载入的过程。

Selenium 是一个浏览器自动化（Browser Automation）工具，让程序可以直接驱动浏览器进行各种网站操作。最早的目的是进行网页测试，这里可以借由特性来运行 JavaScript 作为爬虫用，如图 4.10 所示。

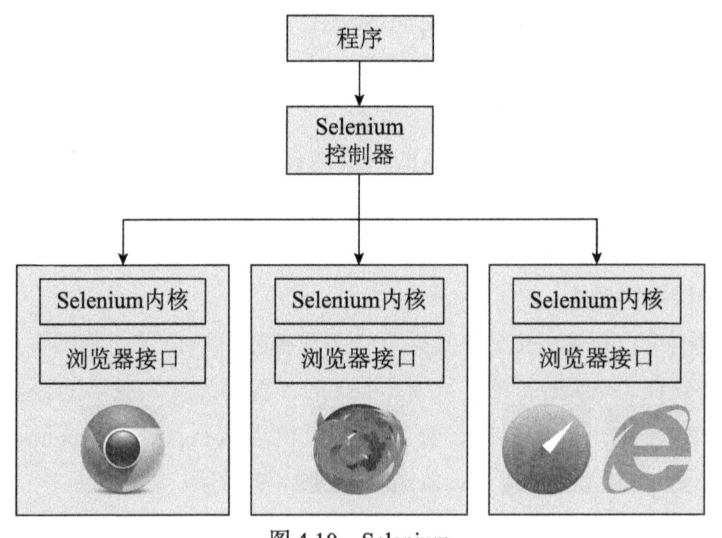

图 4.10　Selenium

先下载所需要的浏览器工具（https://chromedriver.chromium.org/），并将其放到程序的相同目录下。执行后会看到计算机打开一个新的浏览器，而且跳转到设置的网址。

```
1    from selenium import webdriver
2    browser = webdriver.Chrome(executable_path='./chromedriver')
3    # 记得下载相同版本的扩充工具:https://chromedriver.chromium.org/
4    browser.get("http://www.google.com")
```

这个时候通常要等一下，等 JavaScript 运行一会儿。接着用 page_source 取得当下的 HTML 代码，这是已经由 JavaScript 操作过新数据的 HTML。接着就可以将 html_source 再输入 BeautifulSoup 转化成对象。

```
1    # 取得数据
2    html_source = browser.page_source
3    soup = BeautifulSoup(html_source, 'html.parser')
```

最后关闭浏览器。

```
1    browser.close()
```

4.3.3　模拟调用API

Python 无法直接执行 JavaScript。本质上，JavaScript 也是通过调用 API 的方式获得数据的，因此只要模仿 JavaScript 调用 API 这个动作，改由 Python 执行即可。

可以利用浏览器的开发工具提供的 Network 功能，去查看所有网页中的传输行为。这种通过 JavaScript 动态载入的请求，就可以从中观察到。接着就可以利用 API 爬虫方式获取数据。

4.3.4　动态网页爬虫的实际案例

第一个动态网页爬虫的例子是爬取知乎网站的数据。如果想要爬取载入的答题者名字，必须使用动态网页爬虫的策略。

- 数据来源：知乎网。
- 数据概述：知乎网站问答系统历史数据。

```
1    from selenium import webdriver
2    from bs4 import BeautifulSoup
3    from time import sleep
4    import requests
5
6    browser = webdriver.Chrome()
7    browser.get('https://www.zhihu.com/question/20279570')
8    username = browser.find_elements_by_xpath("//div[@class='AuthorInfo-head']")
9    for name in username:
10       print(name.text)
11
```

```
12      '''
13      太平天师
14      Orz辉
15      李跃竟
16      知乎用户
17      黄志聪
18      '''
```

第一种做法是采用 Selenium 模拟下拉的行为。

```
1       # 向下卷动1次,载入更多数据
2       js = "var action=document.documentElement.scrollTop=2000"
3       browser.execute_script(js)
4       username = browser.find_elements_by_xpath("//div[@class='AuthorInfo-head']")
5       for name in username:
6           print(name.text)
7
8       '''
9       太平天师
10      Orz辉
11      李跃竟
12      知乎用户
13      黄志聪
14      漱石枕你
15      宁珂
16      匿名用户
17      樱落樱飘
18      '''
```

第二种做法是采用 API 的方式。

```
1       import json
2         import requests
3          headers = {'User-Agent': 'Mozilla/5.0 (Macintosh; Intel Mac OS X 10_12_3)
             AppleWebKit/537.36 (KHTML, like Gecko) Chrome/56.0.2924.87 Safari/537.36'}
4       # 一次取回20笔答题者记录
5       rep=equests.get("https://www.zhihu.com/api/v4/questions/20279570/answers
                    ?&limit=20&offset=0",headers=headers)
6
7       # 设置爬虫解析编码
8       rep.encoding = rep.apparent_encoding
9
10      content = json.loads(html)
11      for row in content['data']:
12          print(row['author']['name']
13
14
15      '''
16      太平天师
17      Orz辉
18      李跃竟
19      知乎用户
20      黄志聪
21      漱石枕你
```

```
22	宁珂
23	匿名用户
24	樱落樱飘
25	'''
```

使用 Selenium 或 API 的动态网页爬虫策略，可以爬取更多的数据。

4.4 实践中的爬虫应用

本节讨论爬虫在实践中的应用，介绍 Python 爬虫工具、防爬虫机制与处理策略、自动持续更新的爬虫程序。

4.4.1 其他Python爬虫工具

到目前为止，本书仅用到了 Requests、BeautifulSoup、Selenium 三个模块来处理爬虫。实际上，在整个 Python 与爬虫的工具中，还有许多其他的内容。以下简单介绍一下其他的工具与应用场景。

- Requests：HTTP 请求工具。
- BeautifulSoup：HTML 网页解析工具。
- Selenium：浏览器模拟工具。
- Grab：是一种类似于 Requests 的 HTTP 存取工具，可以对一个 URL 发送请求和接收响应。
- PyQuery：利用 CSS Selector 选取数据的解析工具。
- Phantomjs：在不打开浏览器的情况下执行 JavaScript。
- Ghost：在 Python 中执行 JavaScript。
- Scrapy：有多网页爬虫的爬虫框架。

4.4.2 防爬虫机制与处理策略

为了保护数据，避免网页上的公开信息被网页爬虫抓取到，因此出现了防爬虫机制。

本书前面在介绍网页的传输时提到了 HTTP。HTTP 会将网络的交互角色分为 Request 和 Response 两种角色。其中，Request 又可以分为几个部分：Header 由浏览器自动产生，包含与发送方有关的信息；Body 是网页服务真正要传送的数据。因为 Header 由浏览器自动产生，通过程序发出的请求预设是没有 Header 的，因此检查 Header 是最基本的防爬虫机制。解法是在爬虫程序的 Request 加上 Header。

```
1      import requests
2      headers = {'user-agent': 'my-app/0.0.1'}
3      r =requests.get('https://www.zhihu.com/api/v4/questions/55493026/answers',
                  headers=headers)
4      response = r.text
```

验证码机制是许多网站传送数据的检查机制，对于非人类操作与大量频繁操作都有不错的防范机制，如 CAPTCHA（Completely Automated Public Turing test to tell Computers and Humans Apart，全自动区分计算机与人类的图灵测试）。实例的方式很简单，就是问一个计算机答不出来但人类答得出来的问题，如图 4.11 所示。

图 4.11 验证码机制

爬虫在实例上遇到验证码的做法是先把图抓回来，再搭配图形识别工具找出图中的内容。

```
1      import requests
2      import pytesseract
3      from io import BytesIO
4
5      response=requests.get('https://i0.wp.com/www.embhack.com/wp-content/uploads/
                       2018/06/hello-world.png')
6      img = Image.open(BytesIO(response.content))
7      code = pytesseract.image_to_string(img)
8      print(code)
```

当爬虫程序大量存取特定网站时，网站方可以采用最直接的防护机制——封锁 IP，直接通过底层的方式做屏蔽。本书的解法是采用“代理服务器”的概念来处理，所谓的代理服务器即通过一个第三方主机代为发送请求，因此网站方收到的请求是来自第三方的，如图 4.12 所示。

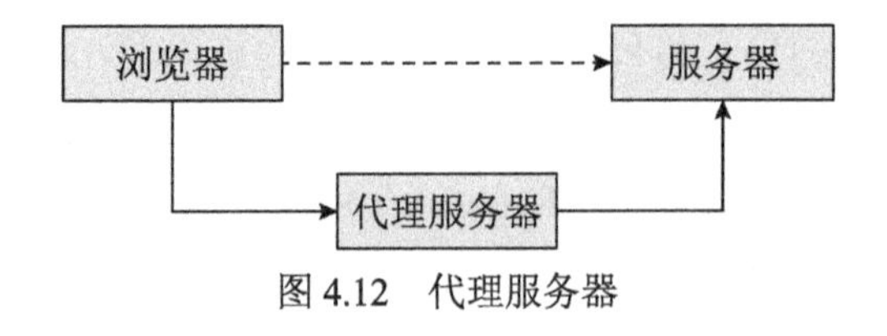

图 4.12 代理服务器

实例方法可以在 Python 中加上 proxy 参数。

```
1     proxy_ips = [...]
2     resp = requests.get('http://ip.filefab.com/index.php',
3             proxies={'http': 'http://' + ip})
```

4.4.3　自动持续更新的爬虫程序

真实世界中的数据是瞬息万变的，也代表数据会有更新的需求。但爬虫爬得的数据只是一个片刻的数据，所以必须要思考如何与数据源上的数据做同步或更新，确保拿到的数据不会是错误的或假的。

```
1     import schedule
2     import time
3     def job():
4         print("I'm working...")
5     schedule.every(10).minutes.do(job)
6     schedule.every().hour.do(job)
7     schedule.every().day.at("10:30").do(job)
8     schedule.every(5).to(10).minutes.do(job)
9     schedule.every().monday.do(job)
10    schedule.every().wednesday.at("13:15").do(job)
11    schedule.every().minute.at(":17").do(job)
12    while True:
13        schedule.run_pending()
14        time.sleep(1)
```

第 5 章　常见的数据分析工具

Python 的优势之一是其具有强大而完整的第三方库的生态系。从数据分析的角度来说，Python 学习了许多经典的资源，如 R、Matlab、Excel 试算软件，集各家精华于一身，同时又保有程序语言的架构与弹性。第 5 章会介绍 3 个将 Python 用于数据分析的好工具，分别是高效能的数学运算工具 NumPy、串起数据与程序分析工具 Pandas 和可视化呈现数据工具 Matplotlib。

本章主要涉及的知识点：

- NumPy 模块的使用方法；
- Pandas 模块的使用方法；
- Matplotlib 模块的使用方法。

5.1 高效能的数学运算工具 NumPy

NumPy 是使用 Python 进行科学计算的基础包，包括以下特性：

- 强大的 *N* 维数组（NdArray）对象。
- 广播（Broadcast）扩展的功能。
- 底层集成 C / C++ 和 Fortran 代码实现。
- 适用于线性代数、傅里叶变换和随机数计算。

除了科学计算用途外，NumPy NdArray 还可以用作数据的高效多维容器，可以定义任意数据类型。这使 NumPy 能够无缝快速地与各种数据库集成。在原本的 Python 中，基本的容器类型——列表是一种有序、任意数据类型的容器数据。NdArray 数组规定的数据类型必须一致的特性，加上向量的特性，使得数组更适合用于数学计算。

可以分为两个重点来看待 NumPy：

（1）NumPy 提供了向量化的数据结构 NdArray，弥补了 Python 容器类型的不足。

（2）NumPy 通过底层程序语言实例，搭配向量化运算特性，使得运算效率提高。

注意 **Python 也有一个 Array 数据类型，其与列表的差别在于数据类型的一致性，而 Numpy NdArray 更进一步加上向量运算的优化。**

5.1.1 贴近数学向量的数据结构NdArray

NumPy 提供了一个同类型元素的多维容器类型，是一个所有元素（通常是数字）的类型都相同的矩阵类容器，并通过正整数索引，如图 5.1 所示。

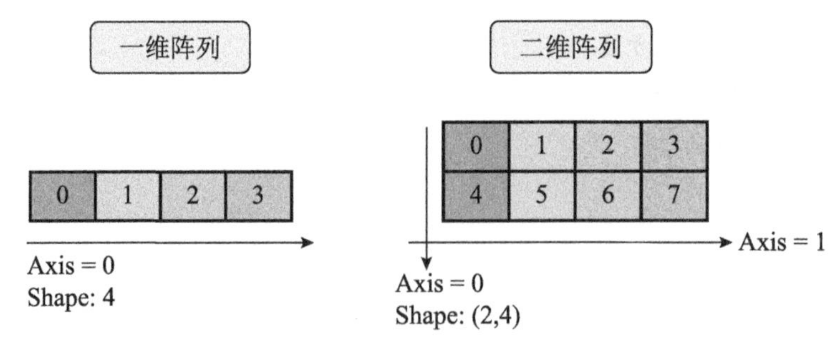

图 5.1 NumPy Array：一维阵列与二维阵列

注：在 NdArray 中，Axis=0 表示行，Axis=1 表示列；Shape 表示当前行或列的数量。

NumPy 的数组被称为 NdArray 或简称 Array，提供以下属性：

- ndarray.ndim：NdArray 的维度（深度）。
- ndarray.shape：NdArray 的形状。
- ndarray.size：NdArray 的元素个数。
- ndarray.dtype：NdArray 的数据类型。
- ndarray.itemsize：NdArray 每一个元素的大小。
- ndarray.data：NdArray 的元素。

NdArray 的存储如图 5.2 所示。

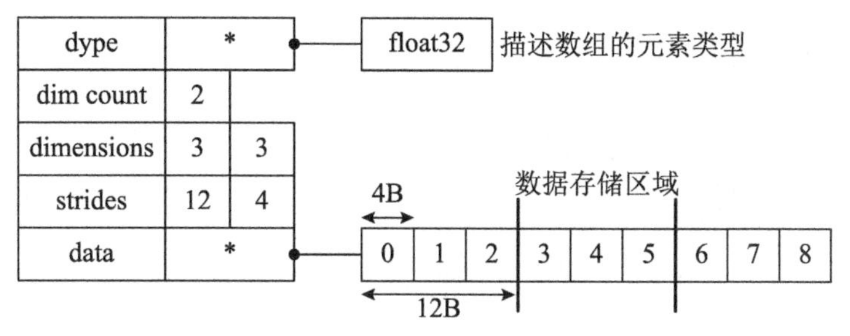

图 5.2　NdArray 存储

注：图中英文表示的是 NdArray 的对应性质名称；因为限定了同类型的限制，NdArray 相比列表更贴近数学上的向量。

NumPy 提供了比原生 Python 更多样的数据类型，特别是数值类型的部分，如表 5.1 所示。

表 5.1　NumPy 数据类型

数据类型	具体种类
bool_	
int_	INT8、INT16、INT32、INT64
UINT_	UINT8、UINT16、UINT32、UINT64
float_	float16、float32、float64
complex_	complex64、complex128

注意 **数值类型后面的数字代表可以使用的空间长度，也可以表示范围。这么做的好处是可以根据数据选择适合的范围，避免占用不必要的空间。**

5.1.2 从一个简单的例子出发

下面用一个简单的例子来演示 NdArray 的使用方法。首先利用 np.arange(15) 生成（0，1，…，14）数据，再利用 reshape(3, 5) 转换成 3×5 的形状，接着输出常见的特性。

```
1    import numpy as np
2    a = np.arange(15).reshape(3,5)
3    print(a)
4    # array([[ 0, 1, 2, 3, 4],
5    # [ 5, 6, 7, 8, 9],
6    # [10, 11, 12, 13, 14]])
7
8    print(a.shape) # (3, 5)
9    print(a.ndim) # 2
10   print(a.itemsize) # 8
11   print(a.size) # 15
12   print(a.dtype) # 'int64'
13   print(type(a)) # <type 'numpy.ndarray'>
14   print(dir(a))
15   # ['T', '__abs__', '__add__', ..., 'var', 'view']
```

其中，shape、ndim、size 分别是与数据外型有关的特性，dtype 和 itemsize 是与容器内数据有关的特性。

5.1.3 数组的建立

数组的建立方式主要有 3 种：

- 从 Python 的 List/Dict 中元素的类型推导出来。
- 从一个固定大小的初始值开始。
- 从一个固定大小的序列 / 随机数开始。

第一种方式是从 Python 的列表中元素的类型推导出来，用于数据已经存在的情况。直接使用 np.array() 就可以将原本的数据转换成 NdArray。

```
1    # 从 Python 的 List / Dict 中元素的类型推导出来
2
3    a = np.array([2,3,4])
4
5    print(a) # array([2, 3, 4])
6    print(a.dtype) # int64
7    print(a.dtype.name) # int64
8    print(a.dtype == 'int64') # True
9    print(a.dtype is 'int64') # False
10   print(a.dtype is np.dtype('int64')) # True
```

在转换的过程中，要求原本的数据类型必须一致。在正常的情况下，程序会自动用数据范围大的类型进行转换。

```
1    b = np.array([1.2, 3.5, 5.1])
2
3    print(b) # [1.2 3.5 5.1]
4    print(b.dtype) # float64
5    print(b.dtype.name) # float64
6    print(b.dtype == 'float64') # True
7    print(b.dtype is 'float64') # False
8    print(b.dtype is np.dtype('float64')) # True
9    print(b == [1.2, 3.5, 5.1]) # False
```

多维度的列表也是可以转换成数组的，用户也可以在转换的过程中指定数据形态。

```
1    c = np.array([(1.5,2,3), (4,5,6)])
2    d = np.array([[1,2], [3,4]], dtype=complex)
3
4    print(c)
5    # [[1.5 2.  3. ]
6    #  [4.  5.  6. ]]
7    print(c.dtype) # float64
8
9    print(d)
10   # [[1.+0.j 2.+0.j]
11   #  [3.+0.j 4.+0.j]]
12   print(d.dtype) # complex128
```

第二种方式是从一个固定大小的初始值开始。NumPy 提供了几种初始值的方法：zeros、ones、empty、full。通过指定大小、形状或值，NumPy 自动产生特定大小的数组。

```
1    # 从一个固定大小的初始值开始
2
3    print(np.zeros((2,3)))
4    # [[0. 0. 0.]
5    #  [0. 0. 0.]]
6
7    print(np.ones((2,3), dtype=np.int16 ))
8    # [[1 1 1]
9    #  [1 1 1]]
10
11   print(np.empty((2,3)))
12   # [[0. 0. 0.]
13   #  [0. 0. 0.]]
14
15   print(np.full((2, 3), 0))
16   # [[0 0 0]
17   #  [0 0 0]]
```

注意 **初始化固定大小的好处在于，建立 / 插入 / 删除数组比更新数组数据的负担还要大。因为建立 / 插入 / 删除会动到数据，用户必须重新索引数据，而仅更新数组就不用。**

第三种方式是从一个固定大小的序列 / 随机数开始，可以用 arange、linspace、random 等方法。

```
1    # 从一个固定大小的序列/随机数开始
2
3    print(np.arange( 10, 30, 5 ))
4    # [10 15 20 25]
5    print(np.arange( 0, 2, 0.3 ))
6    # [0.  0.3 0.6 0.9 1.2 1.5 1.8]
7    print(np.linspace( 0, 2, 9 ))
8    # [0.   0.25 0.5  0.75 1.   1.25 1.5  1.75 2.  ]
9
10   print(np.random.rand(2, 3))
11   # [[0.5814309  0.70508698 0.48870503]
12   #  [0.09888338 0.96665101 0.5052166 ]]
13   print(np.random.randn(2, 3))
14   # [[-0.22158178  0.18695558 -1.58425865]
15   #  [-0.1243485  -1.64276078  1.19067046]]
16   print(np.random.randint(5, size=(2, 3)))
17   # [[4 3 2]
18   #  [3 3 4]]
19   print(np.random.random((2,3)))
20   # [[0.3212289  0.07150977 0.1795418 ]
21   #  [0.28158684 0.88270045 0.22643667]]
```

可以注意到，random 有许多的用法，如 rand 用于回传一个均匀分布的差异，randn 则用于回传常态分布的差异。用户不用掌握每一种用法，只要知道 NumPy 可以做到这些事情即可，在实际操作时可以查阅文件。

5.1.4 数据选取

数据选取的方式有索引、切片，其用法跟列表是一样的。下面先来看一维阵列的数据选取，如图 5.3 所示。

```
1    a = np.arange([1,2,3])
2
3    print(a[0]) # 1
4    print(a[0:2]) # [1, 2]
5    print(a[::-1]) # [3, 2, 1]
6
7    print(a.shape) # 3
```

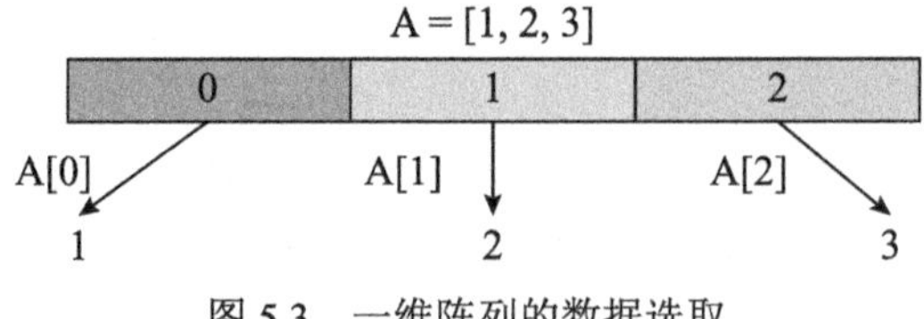

图 5.3 一维阵列的数据选取

二维阵列的数据选取如图 5.4 所示。

```
1      a = np.arange([[11,12,13],[21,22,23],[31,32,33],])
2
3      print(a[0]) # [11,12,13]
4      print(a[0:2]) # [[11,12,13],[21,22,23]]
5      print(a[::-1]) # [[31,32,33], [21,22,23], [11,12,13]]
6
7      print(a[0][1]) # 11
8      print(a[2][1]) # 32
9
10     print(a.shape) # (3, 3)
```

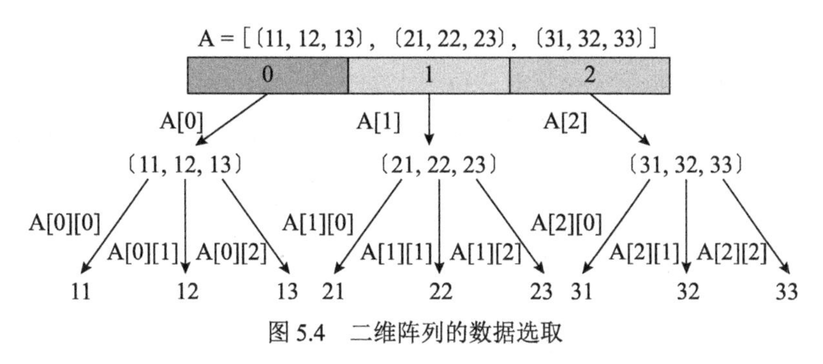

图 5.4　二维阵列的数据选取

5.1.5　基本操作与运算

有了数组之后，下一步是运算。NumPy 提供了算术运算、比较运算、逻辑运算等，比较特别的是矩阵运算和掩码运算。算术运算包含四则运算等，只是数组的操作是以向量为单位运算的。

```
1      # 算术运算
2
3      a = np.array( [20,30,40,50] )
4      b = np.arange( 4 )
5
6      print(a, b) # [20 30 40 50] [0 1 2 3]
7      print(a+5)  # [25 35 45 55]
8      print(a-b)  # [20 29 38 47]
9      print(a*2)  # [40 60 80 100]
10     print(b**2) # [0 1 4 9]
11     print(a*b)  # [  0  30  80 150]
```

矩阵中的乘法有两种：外积和内积。NumPy 也提供数组的内积运算。

```
1      A = np.array( [[1,1],
2                     [0,1]] )
3      B = np.array( [[2,0],
4                     [3,4]] )
5
```

```
6     print(A*B)
7     # [[2 0]
8     #  [0 4]]
9     print(A.dot(B))
10    # [[5 4]
11    #  [3 4]]
12    print(np.dot(A, B))
13    # [[5 4]
14    #  [3 4]]
15    print(np.dot(B, A))
16    # [[2 2]
17    #  [3 7]]
```

比较运算会将两个数组中每个对应位置上的数据两两进行比较，并依次给出结果。需要注意的是，NumPy 并没有逻辑运算。如果要做布尔值的运算，则可以用 np.logical_and( ) 或 np.logical_or( ) 方法。

```
1     # 比较运算与逻辑运算
2
3     a = np.array( [20,30,40,50] )
4     b = np.arange( 4 )
5
6     print(a, b) # [20 30 40 50] [0 1 2 3]
7
8     print(a > b) # [ True  True  True  True]
9     print(b >4)  # [False False False False]
10    print(a & b) # [0 0 0 2]
11    print(a+b < 35) # [ True  Truc False False]
12    print(a == b) # [False False False False]
13    # print(a and b)
14    # ValueError: The truth value of an array with more than one element is
        ambiguous. Use a.any() or a.all()
15    print(np.logical_and(a, b)) # [False  True  True  True]
```

最后一种比较特别的运算是掩码运算。如果直接将由布尔值组成的列表当作数组的切片，则列表个数必须与数组个数一致，而数组会根据布尔值的 True 或 False 作为是否返回的依据。

这种做法很像利用列表做过滤，因而取名为掩码。由布尔值组成的列表其实可以从前面的比较运算产生，即可以将比较运算产生的结果作为切片，进而从数组中挑选出符合条件的数据。

```
1     # 掩码运算
2
3     A = np.array( [1, 2, 3, 4, 5] )
4
5     print(A) # [1 2 3 4 5]
6
7     print(A[[True, True, True, True, True]])
```

```
8      # [1 2 3 4 5]
9      print(A[[True, True, True, False, False]])
10     # [1 2 3]
11
12     print(A >= 3)
13     # [False False  True  True  True]
14     print(A[A >= 3])
15     # [3 4 5]
```

接下来，尝试以下比较复杂的情况。

```
1      a = np.array( [20,30,40,50] )
2      b = np.array( [1,2,3,4] )
3      c = np.array( [1] )
4      d = np.array( [1,2] )
5      e = np.array( [[1]] )
6      f = np.array( [[1],[2],[3]] )
7
8      print(a+a) # [ 40  60  80 100]
9      print(a+b) # [21 32 43 54]
10     print(a+c) # [21 31 41 51]
11     # print(a+d)
12     # ValueError: operands could not be broadcast together with shapes (4,) (2,)
13     print(a+e) # [[21 31 41 51]]
14     print(a+f)
15     # [[21 31 41 51]
16     #  [22 32 42 52]
17     #  [23 33 43 53]]
```

5.1.6　自带函数与通用函数

NumPy 提供了一系列方法，以下仅示范两种方法。第一种方法是关于形状的。

```
1      a = np.floor(10*np.random.random((3,4)))
2      # array([[ 2., 8., 0., 6.],
3      # [ 4., 5., 1., 1.],
4      # [ 8., 9., 3., 6.]])
5
6      print(a)
7      # [[2. 3. 6. 7.]
8      #  [0. 4. 3. 3.]
9      #  [6. 5. 5. 0.]]
10     print(a.shape)
11     # (3, 4)
```

可以利用 reshape 或 resize 去调整数组的维度与形状。这两种的差异是，reshape 返回改变的结果，不会改变量组本身；resize 返回空，但是直接改变量组。

```
1      print(a.reshape(6,2))
2      # [[2. 3.]
3      #  [6. 7.]
4      #  [0. 4.]
```

```
5      #  [3. 3.]
6      #  [6. 5.]
7      #  [5. 0.]]
8      print(a)
9      # [[2. 3. 6. 7.]
10     #  [0. 4. 3. 3.]
11     #  [6. 5. 5. 0.]]
12
13     print(a.resize((2,6)))
14     # None
15     print(a)
16     # [[2. 3. 6. 7. 0. 4.]
17     #  [3. 3. 6. 5. 5. 0.]]
```

类似的用法还有摊平方法，主要有 ravel、flatten、flat。它们的目的都是将数组转换成一维的。因为其中的变化与差异比较复杂，不建议读者深入了解，大概知道如何使用即可。实际做法通常是将比较复杂的数组先摊平后运算，再调整成原本的形状。

```
1      print(a.ravel() )
2      # [2. 3. 6. 7. 0. 4. 3. 3. 6. 5. 5. 0.]
3      print(a.flatten())
4      # [2. 3. 6. 7. 0. 4. 3. 3. 6. 5. 5. 0.]
5      print(a.flat)
6      # <numpy.flatiter object at 0x7f9dbb1c3200>
7      print(list(a.flat))
8      # [2.0, 3.0, 6.0, 7.0, 0.0, 4.0, 3.0, 3.0, 6.0, 5.0, 5.0, 0.0]
```

第二种方法是与统计相关的，可以用原本内建的 sum( ) 方法，也可以用 NumPy 中专属于数组的 sum( ) 方法。建议使用后者，因为原本内建的方法可以兼容各种容器，在实例上要考虑弹性，而 NumPy 则是根据数组向量特性优化过的。

```
1      a = np.arange(12)
2
3      print(a.sum()) # 66
4      print(sum(a)) # 66
5      print(a.min()) # 0
6      print(a.max()) # 11
```

NumPy 的统计方法可以设置维度方向，如图 5.5 所示。

```
1      b = np.arange(12).reshape(3,4)
2
3      print(b.sum()) # 66
4      print(b.sum(axis=0)) # [12 15 18 21]
5      print(b.sum(axis=1)) # [ 6 22 38]
```

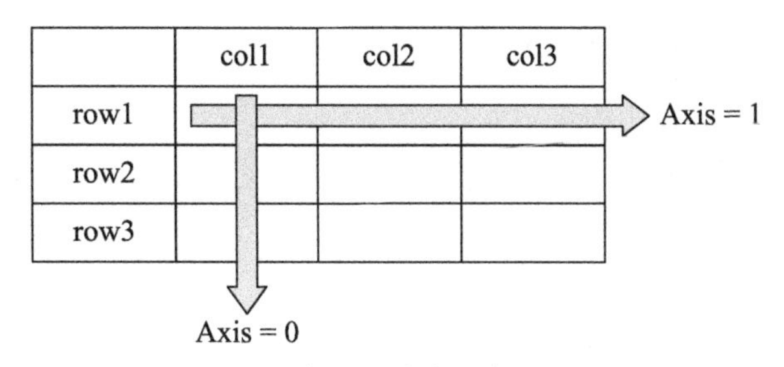

图 5.5　维度方向

注：在 NdArray 中，row 表示行，col 表示列；Axis=0 表示行，Axis=1 表示列。

注意 **比较 np.min 和 min 两种函数的差异。**

5.1.7　迭代与循环

迭代与循环用于对一个容器中的数据依序操作，是程序流程中很重要的操作。数组是一种向量化的数据，所以倾向使用一次整组运算，而非循环操作。

```
1     a = np.arange(10)**3
2     print(a[2]) # 8
3     print(a[2:5]) # [ 8 27 64]
4
5
6     a[:6:2] = -1000
7     print(a[ : :-1])
8     # [  729   512   343   216   125 -1000    27 -1000     1 -1000]
9
10    for i in a:
11        print(i, i**2, i**(1/3.))
12    # -1000 1000000 nan
13    # 1 1 1.0
14    # -1000 1000000 nan
15    # 27 729 3.0
16    # -1000 1000000 nan
17    # 125 15625 4.999999999999999
18    # 216 46656 5.999999999999999
19    # 343 117649 6.999999999999999
20    # 512 262144 7.999999999999999
21    # 729 531441 8.999999999999998
```

切片取数据的方式与列表一样。

```
1     c = np.array( [[ 0, 1, 2],
2                    [10, 12, 13],
3                    [100,101,102],
4                    [110,112,113]])
5
```

```
6      print(c.shape) # (4, 3)
7      print(c[1:,:])
8      # [[ 10  12  13]
9      #  [100 101 102]
10     #  [110 112 113]]
11     print(c[:,:2])
12     # [[  0   1]
13     #  [ 10  12]
14     #  [100 101]
15     #  [110 112]]
```

实际上，比较复杂的数组需要经过巢状回圈才能取得数据。此时，需要搭配摊平方法，降低循环的复杂性。

```
1      for row in b:
2          print(row)
3      # [0 1 2 3]
4      # [4 5 6 7]
5      # [ 8  9 10 11]
6
7      for row in b:
8          for d in row:
9              print(d)
10     # 0
11     # 1
12     # 2
13     # 3
14     # 4
15     # 5
16     # 6
17     # 7
18     # 8
19     # 9
20     # 10
21     # 11
22
23     for element in b.flat:
24         print(element)
25     # 0
26     # 1
27     # 2
28     # 3
29     # 4
30     # 5
31     # 6
32     # 7
33     # 8
34     # 9
35     # 10
36     # 11
```

5.1.8　利用数组进行数据处理

以下是评估回归模型的代码，回归是利用一条线代表数据点的模型，如图 5.6 所示。用户可以通过计算所有点到线的距离总和来表示模型的质量。

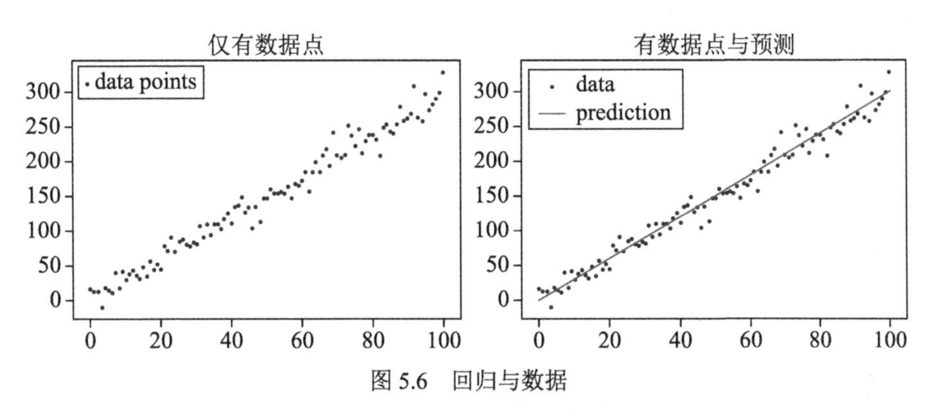

图 5.6　回归与数据

```
1     w = 3
2     b = 0.5
3     x_lin = np.linspace(0, 100, 101)
4     y = (x_lin + np.random.randn(101) * 5) * w + b
5     y_hat = x_lin * w + b
6     plt.plot(x_lin, y, 'b.', label = 'data')
7     plt.plot(x_lin, y_hat, 'r-', label = 'prediction')
8     plt.title("Assume we have data points (And the prediction)")
9     plt.legend(loc = 2)
10    plt.show()
```

5.2　串起数据与程序分析工具 Pandas

Pandas 是基于 NumPy 的一个数据分析函数库，提供了大量高级数据结构和数据处理方法，目的是达到高效的数据分析。它还提供了两个主要的数据结构：Series 和 DataFrame。这些数据结构都构建在 NumPy 的 NdArray 之上。可以把 DataFrame 想成 Series 的容器，也就是说 DataFrame 是由 Series 组成的。

事实上，真实世界并非如此美好，大部分数据分析的工作是处理脏数据，以让数据符合模型输入的需求，而 Pandas 正是扮演这个数据预处理和数据清洗的核心角色。接下来将介绍 Pandas 核心功能和数据的操作方式。

5.2.1 面向数据集的数据结构：Series与DataFrame

Pandas 主要提供两种面向数据集的数据结构——Series 与 DataFrame，如图 5.7 所示。

- Series：带有 index 的一维序列，可以用来处理与时间序列相关的数据。
- DataFrame：带有 row index 与 column label 的二维阵列，可以用来处理类表格结构的数据。

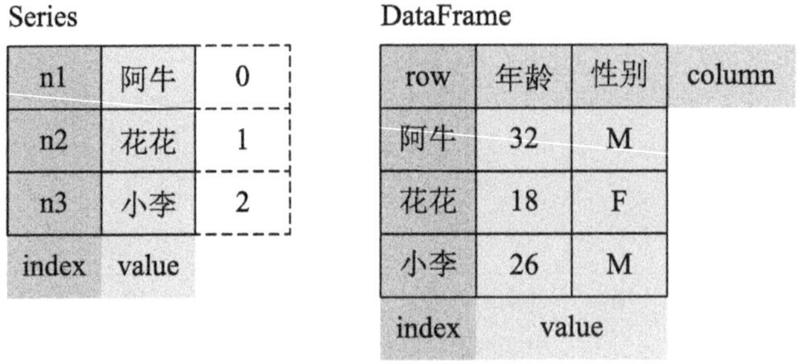

Series

n1	阿牛	0
n2	花花	1
n3	小李	2
index	value	

DataFrame

row	年龄	性别	column
阿牛	32	M	
花花	18	F	
小李	26	M	
index	value		

图 5.7　Series 与 DataFrame

注：index 表示索引，value 表示值。

5.2.2 建立对象

建立对象的方式通常是将原本 Python 中的数据（如列表、字典）进行转换。如果想要建立序列，可以用 pd.Series 的方法。下面介绍两种用来生成一组序列的方法：pd.Index 和 pd.date_range。

```
1     import pandas as pd
2     s = pd.Series([1,3,5,np.nan,6,8])
3     print(s)
4     # 0    1.0
5     # 1    3.0
6     # 2    5.0
7     # 3    NaN
8     # 4    6.0
9     # 5    8.0
10    # dtype: float64
11    print(type(s))
12    # <class 'pandas.core.series.Series'>
13
14    i = pd.Index([1, 2, 3])
15    print(i)
16    # Int64Index([1, 2, 3], dtype='int64')
17    print(type(i))
18    # <class 'pandas.core.indexes.numeric.Int64Index'>
19
```

```
20    d = pd.date_range('20130101', periods=6)
21    print(d)
22    # DatetimeIndex(['2013-01-01', '2013-01-02', '2013-01-03', '2013-01-04',
23    #               '2013-01-05', '2013-01-06'],
24    #              dtype='datetime64[ns]', freq='D')
25    print(type(d))
26    # <class 'pandas.core.indexes.datetimes.DatetimeIndex'>
```

二维的 DataFrame 采用 pd.DataFrame()，用户输入欲转换的数据即可。DataFrame 的弹性很大，可以尽可能地对任何数据进行转换。

```
1     import pandas as pd
2     df = pd.DataFrame(np.random.randn(6,4), index=range(6),
          columns=list('ABCD'))
3     print(df)
4     #           A         B         C         D
5     # 0 -0.127135 -0.019346  0.452650  0.115252
6     # 1  0.291165 -0.299763  1.073012  0.700562
7     # 2 -0.008986  0.723636 -1.177368 -0.593776
8     # 3 -0.119047 -0.264439 -0.330651 -1.114569
9     # 4 -2.291578  0.026518 -0.419716 -1.049283
10    # 5  1.259875  0.094934 -1.670566 -1.149772
11    print(type(df))
12    # <class 'pandas.core.frame.DataFrame'>
13
14    df = pd.DataFrame([[1,2,3,4,5],[6,7,8,9,10]])
15    print(df)
16    #    0  1  2  3   4
17    # 0  1  2  3  4   5
18    # 1  6  7  8  9  10
19    print(type(df))
20    # <class 'pandas.core.frame.DataFrame'>
21
22    df = pd.DataFrame({
23            'A' : 1.,
24            'B' : pd.Timestamp('20130102'),
25            'C' : pd.Series(1,index=list(range(4)),dtype='float32'),
26            'D' : np.array([3] * 4,dtype='int32'),
27            'E' : pd.Categorical(["test","train","test","train"]),
28            'F' : 'foo'
29        })
30    print(df)
31    #      A          B    C  D      E    F
32    # 0  1.0 2013-01-02  1.0  3   test  foo
33    # 1  1.0 2013-01-02  1.0  3  train  foo
34    # 2  1.0 2013-01-02  1.0  3   test  foo
35    # 3  1.0 2013-01-02  1.0  3  train  foo
36    print(type(df))
37    # <class 'pandas.core.frame.DataFrame'>
```

DataFrame 是由 Series 组成的，利用 df 切片可以取出一个 column 的数据，其类型会是一个 Series。

```
1     import pandas as pd
2     df = pd.DataFrame({
3         'A' : 1.,
4         'B' : pd.Timestamp('20130102'),
5         'C' : pd.Series(1,index=list(range(4)),dtype='float32'),
6         'D' : np.array([3] * 4,dtype='int32'),
7         'E' : pd.Categorical(["test","train","test","train"]),
8         'F' : 'foo'
9     })
10    print(df['A'])
11    # 0    1.0
12    # 1    1.0
13    # 2    1.0
14    # 3    1.0
15    # Name: A, dtype: float64
16    print(type(df['A']))
17    # <class 'pandas.core.series.Series'>
```

注意 DataFrame 由 Series 组成跟 DataFrame 直接用一个二维矩阵实例有什么差异？二维矩阵会限制所有数据是同一个类型，而 Series 只会限定每个 column 是相同类型即可，是比较贴近真实的数据用法。

Series、DataFrame 的属性大部分继承自 NumPy 的用法，如 shape、size、dtype 等，再额外加上一些数据角度的特性。

- df.shape；
- df.size；
- df.values；
- df.index；
- df.column；
- df.dtypes；
- df.head(n)；
- df.tail(n)。

示范如下所示。

```
1     df = pd.DataFrame({
2         'A' : 1.,
3         'B' : pd.Timestamp('20130102'),
4         'C' : pd.Series(1,index=list(range(4)),dtype='float32'),
5         'D' : np.array([3] * 4,dtype='int32'),
6         'E' : pd.Categorical(["test","train","test","train"]),
7         'F' : 'foo'
8     })
9
10    print(df.shape) # (4, 6)
```

```
11      print(df.size) # 24
12      print(df.values)
13      #     [[1.0 Timestamp('2013-01-02 00:00:00') 1.0 3 'test' 'foo']
14      #      [1.0 Timestamp('2013-01-02 00:00:00') 1.0 3 'train' 'foo']
15      #      [1.0 Timestamp('2013-01-02 00:00:00') 1.0 3 'test' 'foo']
16      #      [1.0 Timestamp('2013-01-02 00:00:00') 1.0 3 'train' 'foo']]
17      print(df.index)
18      # Int64Index([0, 1, 2, 3], dtype='int64')
19      print(df.columns)
20      # Index(['A', 'B', 'C', 'D', 'E', 'F'], dtype='object')
21      print(df.dtypes)
22      #     A             float64
23      #     B             datetime64[ns]
24      #     C             float32
25      #     D             int32
26      #     E             category
27      #     F             object
28      #     dtype: object
29      print(len(df)) # 4
```

除了查看特性之外，用户也会有查看数据内容的需求。

```
1       dates = pd.date_range('20130101', periods=6)
2       df = pd.DataFrame(np.random.randn(6,4), index=dates, columns=list('ABCD'))
3       print(df.head())
4       #                   A         B         C         D
5       # 2013-01-01  1.133111  0.409531  0.879263 -0.123499
6       # 2013-01-02  1.148346  0.571146  0.162826  1.465079
7       # 2013-01-03  0.638488  0.673225 -0.384453 -0.220275
8       # 2013-01-04 -0.119622  1.294921 -0.500685 -0.501024
9       # 2013-01-05  0.376662  0.559156  0.451330 -0.742151
10      print(df.tail(3))
11      #                   A         B         C         D
12      # 2013-01-04 -0.119622  1.294921 -0.500685 -0.501024
13      # 2013-01-05  0.376662  0.559156  0.451330 -0.742151
14      # 2013-01-06 -1.360171  1.147598 -1.343304 -0.227368
```

5.2.3　数据选取

在 Pandas 中，用户有大量选取数据的需求。不过这部分操作比较复杂，用一层 [] 可以取出 Column 的 Series，用两层 [] 可以取出多个由 column 组成的 DataFrame，用 [:] 切片会取出由 row 组成的 DataFrame。

```
1       dates = pd.date_range('20130101', periods=6)
2       df = pd.DataFrame(np.random.randn(6,4), index=dates, columns=list('ABCD'))
3
4       print(df['A'])
5       # 2013-01-01    1.386901
6       # 2013-01-02   -0.793481
7       # 2013-01-03    0.148058
8       # 2013-01-04   -2.249423
```

```
9       # 2013-01-05   -1.260516
10      # 2013-01-06   -0.246065
11      # Freq: D, Name: A, dtype: float64
12      print(df[['A', 'B']])
13      #                   A         B
14      # 2013-01-01  1.386901 -1.169252
15      # 2013-01-02 -0.793481  1.321883
16      # 2013-01-03  0.148058  1.343059
17      # 2013-01-04 -2.249423  0.114617
18      # 2013-01-05 -1.260516 -0.669935
19      # 2013-01-06 -0.246065 -0.241305
20      print(df[0:3])
21      #                   A         B         C         D
22      # 2013-01-01  1.386901 -1.169252  2.143035  0.770130
23      # 2013-01-02 -0.793481  1.321883  0.988056 -1.118690
24      # 2013-01-03  0.148058  1.343059 -0.411454  0.113988
25      print(df['20130102':'20130104'])
26      #                   A         B         C         D
27      # 2013-01-02 -0.793481  1.321883  0.988056 -1.118690
28      # 2013-01-03  0.148058  1.343059 -0.411454  0.113988
29      # 2013-01-04 -2.249423  0.114617 -0.045252  0.728516
```

上述的选取方法除了复杂之外，也缺乏弹性。因此，Pandas 提供了一种用坐标方式选取数据的方法——loc[]。注意，这是一种特殊用法，而不是函数，所以不用小括号。loc 会根据维度的差异选取出不同的形态。

```
1       print(df.loc[:,['A','B']])
2       #                   A         B
3       # 2013-01-01  1.386901 -1.169252
4       # 2013-01-02 -0.793481  1.321883
5       # 2013-01-03  0.148058  1.343059
6       # 2013-01-04 -2.249423  0.114617
7       # 2013-01-05 -1.260516 -0.669935
8       # 2013-01-06 -0.246065 -0.241305
9       print(df.loc['20130102':'20130104',['A','B']])
10      #                   A         B
11      # 2013-01-02 -0.793481  1.321883
12      # 2013-01-03  0.148058  1.343059
13      # 2013-01-04 -2.249423  0.114617
14
15      print(df.loc['20130102',['A','B']])
16      # A   -0.793481
17      # B    1.321883
18      # Name: 2013-01-02 00:00:00, dtype: float64
19      print(df.loc['20130102':'20130104','B'])
20      # 2013-01-02    1.321883
21      # 2013-01-03    1.343059
22      # 2013-01-04    0.114617
23      # Freq: D, Name: B, dtype: float64
24
25      print(df.loc[dates[0],'A'])
26      # 1.3869007158415538
```

```
27      print(df.at[dates[0],'A'])
28      # 1.3869007158415538
```

loc 会利用 column 或 row 的名称，类似的用法是 iloc(index location)，以改用位置的方式进行筛选。

5.2.4 插入与丢弃数据

插入与丢弃数据是一个不建议的操作。过多的数据增减会造成额外的索引运算。

可以利用加法增加行或直接赋值的方式：

```
1       # 加法可以用来增加行
2
3       d = {'one' : pd.Series([1, 2, 3], index=['a', 'b', 'c']),
4            'two' : pd.Series([1, 2, 3, 4], index=['a', 'b', 'c', 'd'])}
5
6       df = pd.DataFrame(d)
7
8       print(df)
9
10      # one two
11      # a 1.0 1
12      # b 2.0 2
13      # c 3.0 3
14      # d NaN 4
15
16      df['three'] = pd.Series([10,20,30],index=['a','b','c'])
17      df['four'] = df['one'] + df['three']
18
19      print(df)
20
21      # one two three four
22      # a 1.0 1 10.0 11.0
23      # b 2.0 2 20.0 22.0
24      # c 3.0 3 30.0 33.0
25      # d NaN 4 NaN NaN
```

append() 可以用来新增数据：

```
1       df = pd.DataFrame([[1, 2], [3, 4]], columns = ['a','b'])
2       df2 = pd.DataFrame([[5, 6], [7, 8]], columns = ['a','b'])
3
4       df = df.append(df2)
5       print(df)
6       # a b
7       # 0 1 2
8       # 1 3 4
9       # 0 5 6
10      # 1 7 8
11
12      df.index = range(len(df))
```

```
13      print(df)
14      # a b
15      # 0 1 2
16      # 1 3 4
17      # 2 5 6
18      # 3 7 8
```

del 或 pop() 可以用来删除行：

```
1       # del 或 pop() 可以用来删除行
2
3
4       d = {'one' : pd.Series([1, 2, 3], index=['a', 'b', 'c']),
5            'two' : pd.Series([1, 2, 3, 4], index=['a', 'b', 'c', 'd']),
6            'three' : pd.Series([10,20,30], index=['a','b','c'])}
7
8       df = pd.DataFrame(d)
9
10      print(df)
11
12      # one two three
13      # a 1.0 1 10.0
14      # b 2.0 2 20.0
15      # c 3.0 3 30.0
16      # d NaN 4 NaN
17
18      del df['one']
19      df.pop('two')
20
21      print(df)
22
23      # three
24      # a 10.0
25      # b 20.0
26      # c 30.0
27      # d NaN
```

drop() 可以用来删除列：

```
1       # drop() 可以用来删除列
2
3
4       df = pd.DataFrame([[1, 2], [3, 4]], columns = ['a','b'])
5       df2 = pd.DataFrame([[5, 6], [7, 8]], columns = ['a','b'])
6
7       df = df.append(df2)
8
9       print(df)
10
11      df = df.drop(0)
12
13      print(df)
14
15      # a b
```

```
16      # 1 3 4
17      # 1 7 8
```

注意 **这些方法其实都有 Python 的影子，如 append 是参考列表，del 是参考字典。**

5.2.5 算术运算和数据对齐

算数运算继承了向量运算的特性，会先对齐再运算，整组进、整组出。

```
1      df1 = pd.DataFrame([[1, 2, 3]])
2      df2 = pd.DataFrame([[1, 1, 1]])
3
4      print(df1 + df2)
5      #    0  1  2
6      # 0  2  3  4
7      print(df1 + 1)
8      #    0  1  2
9      # 0  2  3  4
10     print(df1 - df2)
11     #    0  1  2
12     # 0  0  1  2
13     print(df1 - 1)
14     #    0  1  2
15     # 0  0  1  2
16     print(df1 * df2)
17     #    0  1  2
18     # 0  1  2  3
19     print(df1 * 2)
20     #    0  1  2
21     # 0  2  4  6
22     print(df1 / df2)
23     #      0    1    2
24     # 0  1.0  2.0  3.0
25     print(df1 / 2)
26     #      0    1    2
27     # 0  0.5  1.0  1.5
28
```

若两个 data frame 的栏位名称对不上就会导致 Null 数据出现。

```
1      df1 = pd.DataFrame([[1, 2, 3]], columns=['a', 'b', 'c'])
2      df2 = pd.DataFrame([[1, 1, 1]], columns=['c', 'd', 'e'])
3
4      print(df1 + df2)
5      #     a   b  c   d   e
6      # 0 NaN NaN  4 NaN NaN
7      print(df1 + 1)
8      #    a  b  c
9      # 0  2  3  4
10     print(df1 - df2)
11     #     a   b  c   d   e
```

```
12      # 0 NaN NaN  2 NaN NaN
13      print(df1 - 1)
14      #    a  b  c
15      # 0  0  1  2
16      print(df1 * df2)
17      #     a   b  c   d   e
18      # 0 NaN NaN  3 NaN NaN
19      print(df1 * 2)
20      #    a  b  c
21      # 0  2  4  6
22      print(df1 / df2)
23      #     a   b    c   d   e
24      # 0 NaN NaN  3.0 NaN NaN
25      print(df1 / 2)
26      #      a    b    c
27      # 0  0.5  1.0  1.5
28
```

在广播方面，Pandas 与 NumPy 稍有差异。

```
1       df1 = pd.DataFrame([[1, 2, 3]])
2       df2 = pd.DataFrame([1])
3
4       print(df1 + 1)
5       #    0  1  2
6       # 0  2  3  4
7       print(df1 + df2)
8       #    0   1   2
9       # 0  2 NaN NaN
10
11      print(np.array([1,2,3]) + 1)
12      # [2 3 4]
13      print(np.array([1,2,3]) + np.array([1]))
14      # [2 3 4]
```

5.2.6 排序

常用的数据操作还有排序，即用户可以针对索引或数值对数据进行排序。

```
1       dates = pd.date_range('20130101', periods=6)
2       df = pd.DataFrame(np.random.randn(6,4), index=dates, columns=list('ABCD'))
3
4       print(df.sort_index(axis=1, ascending=False))
5       #                   D         C         B         A
6       # 2013-01-01 -1.016353  0.343406  0.296275  0.405269
7       # 2013-01-02 -1.611728  0.215108  1.089115 -0.922421
8       # 2013-01-03  0.461669 -2.304520 -0.399489 -0.362379
9       # 2013-01-04 -0.135667  1.205792 -1.299550  1.566174
10      # 2013-01-05  0.128391  0.297510 -0.729983  0.385157
11      # 2013-01-06  0.738167 -0.797191  1.542219 -1.960164
12
13      print(df.sort_values(by='B'))
```

```
14     #                    A         B         C         D
15     # 2013-01-04  1.566174 -1.299550  1.205792 -0.135667
16     # 2013-01-05  0.385157 -0.729983  0.297510  0.128391
17     # 2013-01-03 -0.362379 -0.399489 -2.304520  0.461669
18     # 2013-01-01  0.405269  0.296275  0.343406 -1.016353
19     # 2013-01-02 -0.922421  1.089115  0.215108 -1.611728
20     # 2013-01-06 -1.960164  1.542219 -0.797191  0.738167
```

5.2.7　迭代与重复操作

在 Pandas 中，迭代与重复操作主要有两种：循环与 apply。这两种操作是不建议的，因为这样会浪费向量运算的特性。

在 DataFrame 中使用循环：

```
1     import pandas as pd
2     import numpy as np
3
4     N = 20
5
6     df = pd.DataFrame({
7            'A': pd.date_range(start='2016-01-01',periods=N,freq='D'),
8            'x': np.linspace(0,stop=N-1,num=N),
9            'y': np.random.rand(N),
10           'C': np.random.choice(['Low','Medium','High'],N).tolist(),
11           'D': np.random.normal(100, 10, size=(N)).tolist()
12       })
13
14    for col in df:
15        print (col)
16
17    for key,value in df.iteritems():
18        print (key,value)
19
20    for row_index,row in df.iterrows():
21        print (row_index,row)
22
23    for row in df.itertuples():
24        print (row)
```

在 DataFrame 中使用 apply：

```
1     import pandas as pd
2     import numpy as np
3
4     N = 20
5
6     df = pd.DataFrame({
7            'x': np.linspace(0,stop=N-1,num=N),
8            'y': np.random.rand(N),
9            'D': np.random.normal(100, 10, size=(N)).tolist()
10       })
```

```
11
12      print(df.apply(np.max))
13      # x      19.000000
14      # y       0.995428
15      # D     117.353843
16      # dtype: float64
17      print(df.apply(np.min))
18      # x      0.000000
19      # y      0.051674
20      # D     76.153647
21      # dtype: float64
22      print(df.apply(np.mean))
23      # x      9.500000
24      # y      0.420143
25      # D     97.436347
26      # dtype: float64
27      print(df.apply(lambda x: x.max() - x.min()))
28      # x     19.000000
29      # y      0.943754
30      # D     41.200197
31      # dtype: float64
32      print(df['D'].map(lambda x: -x))
33      # 0    -101.719020
34      # 1    -105.289231
35      # ...
36      # 18   -104.671321
37      # 19   -107.894548
38      # Name: D, dtype: float64
39      print(df.applymap(lambda x: -x))
40      #         x          y           D
41      # 0   -0.0 -0.363854 -101.719020
42      # 1   -1.0 -0.122937 -105.289231
43      # ...
44      # 18 -18.0 -0.684395 -104.671321
45      # 19 -19.0 -0.256954 -107.894548
46
```

5.2.8 数据合并与重组

数据合并与重组用于多个 DataFrame 的情况，可能会需要不同的数据源进行整合。连集（Concat）用于上下相拼的情境。需要注意的是，栏位必须一致。

```
1       # 连集(Concat)
2
3       one = pd.DataFrame({
4           'id':[1,2,3,4,5],
5           'Name': ['Alex', 'Amy', 'Allen', 'Alice', 'Ayoung'],
6           'subject_id':['sub1','sub2','sub4','sub6','sub5']
7       })
8       two = pd.DataFrame({
9               'id':[1,2,3,4,5],
10              'Name': ['Billy', 'Brian', 'Bran', 'Bryce', 'Betty'],
```

```
11                'subject_id':['sub2','sub4','sub3','sub6','sub5']
12            })
13
14      rs = pd.concat([one,two],keys=['x','y'])
15      print(rs)
16      #       id    Name subject_id
17      # x 0    1    Alex       sub1
18      #   1    2     Amy       sub2
19      #   2    3   Allen       sub4
20      #   3    4   Alice       sub6
21      #   4    5  Ayoung       sub5
22      # y 0    1   Billy       sub2
23      #   1    2   Brian       sub4
24      #   2    3    Bran       sub3
25      #   3    4   Bryce       sub6
26      #   4    5   Betty       sub5
27      rs = one.append(two)
28      print(rs)
29      #     id    Name subject_id
30      # 0    1    Alex       sub1
31      # 1    2     Amy       sub2
32      # 2    3   Allen       sub4
33      # 3    4   Alice       sub6
34      # 4    5  Ayoung       sub5
35      # 0    1   Billy       sub2
36      # 1    2   Brian       sub4
37      # 2    3    Bran       sub3
38      # 3    4   Bryce       sub6
39      # 4    5   Betty       sub5
```

合并（Merge）用于栏位左右相拼。用户通常要设置一个对应的栏位，类似于数据库操作中的 Join。

```
1       # 合并(merge)
2
3       left = pd.DataFrame({
4                'id':[1,2,3,4,5],
5                'Name': ['Alex', 'Amy', 'Allen', 'Alice', 'Ayoung'],
6                'subject_id':['sub1','sub2','sub4','sub6','sub5']
7            })
8       right = pd.DataFrame({
9                 'id':[1,2,3,4,5],
10                'Name': ['Billy', 'Brian', 'Bran', 'Bryce', 'Betty'],
11                'subject_id':['sub2','sub4','sub3','sub6','sub5']
12            })
13
14      rs = pd.merge(left, right, on='id')
15      print(rs)
16      #     id  Name_x subject_id_x Name_y subject_id_y
17      # 0    1    Alex         sub1  Billy         sub2
18      # 1    2     Amy         sub2  Brian         sub4
19      # 2    3   Allen         sub4   Bran         sub3
```

```
20    # 3    4   Alice          sub6  Bryce          sub6
21    # 4    5  Ayoung          sub5  Betty          sub5
22    rs = pd.merge(left, right, on=['id','subject_id'])
23    print(rs)
24    #     id  Name_x subject_id Name_y
25    # 0    4   Alice        sub6  Bryce
26    # 1    5  Ayoung        sub5  Betty
```

连接（Join）也用于左右相拼。其与合并的差别是，其利用索引作为合并条件。

```
1     left = pd.DataFrame({
2             'Name1': ['Alex', 'Amy', 'Allen', 'Alice', 'Ayoung'],
3             'subject_id1':['sub1','sub2','sub4','sub6','sub5']
4           })
5     right = pd.DataFrame({
6             'Name2': ['Billy', 'Brian', 'Bran', 'Bryce', 'Betty'],
7             'subject_id2':['sub2','sub4','sub3','sub6','sub5']
8           })
9
10    rs = left.join(right)
11    print(rs)
12    #      Name1 subject_id1  Name2 subject_id2
13    # 0     Alex        sub1  Billy        sub2
14    # 1      Amy        sub2  Brian        sub4
15    # 2    Allen        sub4   Bran        sub3
16    # 3    Alice        sub6  Bryce        sub6
17    # 4   Ayoung        sub5  Betty        sub5
```

另一种整并数据的方式是分组（Group），其依据内容对数据进行重新分组。对于分组通常由以下一个或多个操作步骤实现：按照一些规则将数据分为不同的组；对于每组数据分别执行一个函数；将结果组合到一个数据结构中。示例如下所示。

```
1     df = pd.DataFrame({'A' : ['foo', 'bar', 'foo', 'bar',
2                               'foo', 'bar', 'foo', 'foo'],
3                        'B' : ['one', 'one', 'two', 'three',
4                               'two', 'two', 'one', 'three'],
5                        'C' : np.random.randn(8),
6                        'D' : np.random.randn(8)})
7
8     print(df.groupby('A').sum())
9     #             C         D
10    # A
11    # bar  1.110641 -1.792577
12    # foo -2.774134 -1.201886
13    print(df.groupby('A').agg(sum))
14    #             C         D
15    # A
16    # bar  1.110641 -1.792577
17    # foo -2.774134 -1.201886
18    print(df.groupby(['A','B']).sum())
19    #                   C         D
20    # A   B
```

```
21    # bar one   -0.456766 -1.178489
22    #     three  0.586484 -0.903152
23    #     two    0.980923  0.289063
24    # foo one   -3.662031 -0.958590
25    #     three  0.248910  1.584585
26    #     two    0.638987 -1.827881
```

5.2.9 存取外部数据

DataFrame 是一个高度弹性的数据类型，能够支持不同的形态直接转移。此外，其也能够快速地汇入外部数据，如表 5.2 所示。

表 5.2 Pandas DataFrame 支持外部格式

数据类型	文件格式	读　取	输　出
文字 (text)	CSV	read_csv	to_csv
文字 (text)	JSON	read_json	to_json
文字 (text)	HTML	read_html	to_html
文字 (text)	Local clipboard	read_clipboard	to_clipboard
二元 (binary)	MS Excel	read_excel	to_excel
二元 (binary)	HDF5 Format	read_hdf	to_hdf
二元 (binary)	Feather Format	read_feather	to_feather
二元 (binary)	Parquet Format	read_parquet	to_parquet
二元 (binary)	Msgpack	read_msgpack	to_msgpack
二元 (binary)	Stata	read_stata	to_stata
二元 (binary)	SAS	read_sas	
二元 (binary)	Python Pickle Format	read_pickle	to_pickle
数据库 (SQL)	SQL	read_sql	to_sql
数据库 (SQL)	Google Big Query	read_gbq	to_gbq

存取外部数据的语法如下所示。

```
1    pd.read_csv()
2    pd.read_excel()
3    df.to_csv()
4    df.to_excel()
```

5.3 可视化呈现数据工具 Matplotlib

Matplotlib 是一个 Python 2D 绘图包，可以生成各种图形格式和跨平台的交互式环境数据。Matplotlib 可用于 Python、IPython shell、Jupyter Notebook 或 Web 应用程序服务器等的输出界面。Matplotlib 试图让艰难的事情变得简单，只需几行代码即可生成直方图、功率谱、条形图、错误图、散点图等。

Matplotlib 中的 pyplot 模块提供了类似 MATLAB 的接口，特别是与 IPython 结合使用时。高级用户可以通过面向对象的界面或 MATLAB 用户熟悉的一组函数完全控制线型、字体属性、轴属性等。

5.3.1 Matplotlib与pyplot

pyplot 是 Matplotlib 中用来绘图的基本工具，习惯命名为“plt”，可以被视为一张画布。 Matplotlib pyplot 的 3 个步骤是输入数据、设置图表、产生图片。以下通过几个基本的范例来演示其用法。

第一个范例介绍 plt.plot 的用法。在这个例子中，用户对 plot 输入了 [1, 2, 3, 4] 的列表，然后不做任何设置，利用 show 产生图片。用户可以得到一个由（1,1）（2,2）（3,3）（4,4）四个点连接而成的直线，如图 5.8 所示。

```
1    plt.plot([1,2,3,4])
2    plt.show()
```

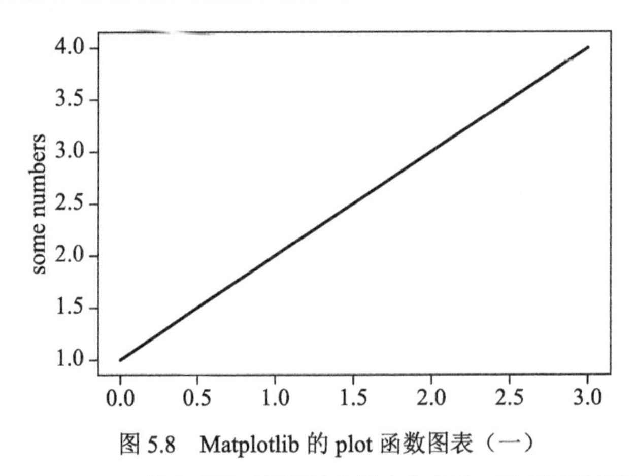

图 5.8 Matplotlib 的 plot 函数图表（一）

注：左侧英文 some numbers 是生成图时需要输入的占位参数，读者可以使用任意符合该图的文字。

第二个范例是对 plot 输入 3 个参数，第一个参数是 [1,2,3,4]，第二个参数是 [1,4,9,16]，第三个参数为 ro 字符串。通过观察会看出其图表变为点图，如图 5.9 所示。

```
1    plt.plot([1,2,3,4], [1,4,9,16], 'ro')
2    plt.show()
```

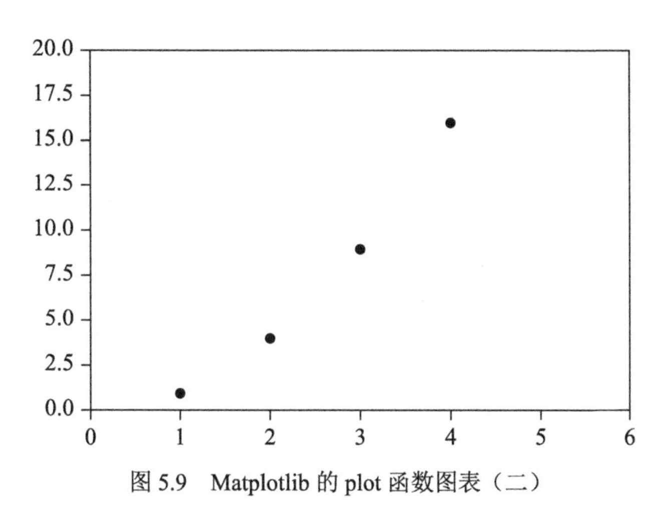

图 5.9　Matplotlib 的 plot 函数图表（二）

下面看一下官方文件的说明。

```
matplotlib.pyplot.plot(*args, scalex=True, scaley=True, data=None, **kwargs)

* plot([x], y, [fmt], *, data=None, **kwargs)
* plot([x], y, [fmt], [x2], y2, [fmt2], ..., **kwargs)
```

这里的用法比较特别，纵轴项是必填项。当输入参数仅有一个时，其代表的是纵轴；当输入参数为两个时，其分别代表横轴与纵轴，再往后就是 fmt（format，格式）。如前所述，第一个范例仅输入了纵轴；第二个范例输入了横轴、纵轴与 fmt 参数。

plt.plot 预设的用法是线图（Line Chart），不过可以通过设置 fmt 呈现点图（Point Chart）。fmt 可以用来控制线条的颜色和样式。

```
fmt = '[marker][line][color]'
```

fmt 被定义成一个字符串，包含 3 个部分。

- color：也可以直接简写成 c [link]。
- linestyle：也可以直接简写成 ls [link]。
- marker：点的形状，类型 [link]。

在比较复杂的情况下，也可以写成不同参数。

```
* plot([x], y, [c], [ls], [marker], *, data=None, **kwargs)
```

如果想在一张表上呈现多数据，则用户可以分别 plot，最后再一起 show。plt 其实是一种画布的概念，用户可以等到数据都画好，再一并产生图表，如图 5.10 所示。

```
1     t = np.arange(0., 5., 0.2)
2     plt.plot(t, t, 'r--')
3     plt.plot(t, t**2, 'bs')
```

```
4       plt.plot(t, t**3, 'g^')
5       plt.show()
```

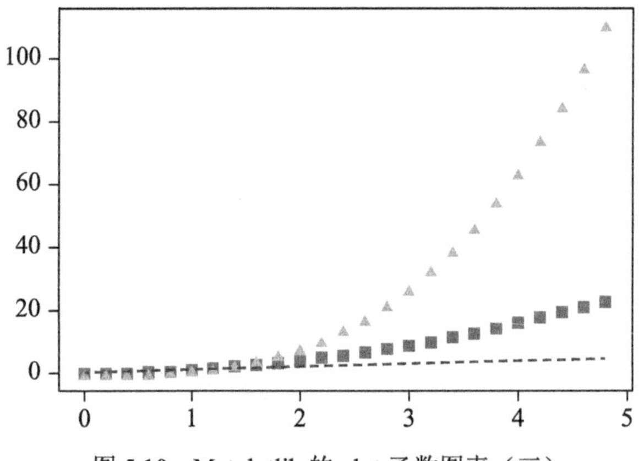

图 5.10　Matplotlib 的 plot 函数图表（三）

根据文件的说明，用户也可以在 plot 函数内定义多组数据。

```
1       t = np.arange(0., 5., 0.2)
2       plt.plot(t, t, 'r--', t, t**2, 'bs', t, t**3, 'g^')
3       plt.show()
```

5.3.2　图表信息

接下来谈谈如何添加图表除了数据之外的部分——图表信息。图表信息主要可以分成 3 个部分：坐标、文字说明和图例，如图 5.11 所示。

- 坐标。
  - axis([xmin, xmax, ymin, ymax]);
  - xlim(xmin, xmax)、ylim(ymin, ymax);
  - xticks(), yticks()。
- 文字说明。
  - text(), figtext();
  - xlable(), ylable();
  - title();
  - annotate()。
- 图例。
  - plt.legend()。

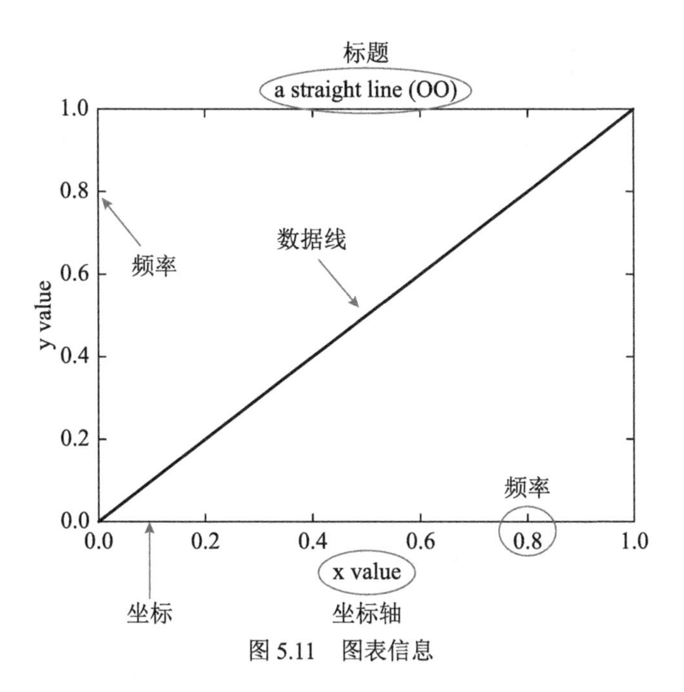

图 5.11　图表信息

以下是一个加上了图表信息的范例。首先要把最基本的数据画出来。

```
1      X = np.linspace(-np.pi, np.pi, 256, endpoint=True)
2      C,S = np.cos(X), np.sin(X)
3
4      plt.plot(X,C)
5      plt.plot(X,S)
```

在坐标部分，可以使用 axis、xlim、ylim 设置图表的宽高，使用 xticks 和 yticks 设置横轴和纵轴上的标识。

```
1      plt.axis([-3, 3, -1, 1])
2      plt.xlim(-3, 3)
3      plt.ylim(-1, 1)
4      plt.xticks(np.arange(-3, 4), ('Tom', 'Dick', 'Harry', 'Sally', 'Sue', 'Tom',
               'Dick'))
5      plt.yticks(np.linspace(-1, 1, 9))
```

在文字说明部分，可以利用 text、figtext 加上文字说明，利用 xlabel、ylabel、title 加上轴外名称与标题。此外，annotate 可以用于绘制箭头，对标记进行说明。

```
1      plt.text(-2, 0.5, '...text...')
2      plt.figtext(0, 0, '...figtext...')
3      plt.xlabel('xlabel')
4      plt.ylabel('ylabel')
5      plt.title('title')
6
7      plt.annotate('annotate', (0, 0))
```

```
8      plt.annotate('arrow\nannotate', xy=(0, 0), xytext=(1, -0.5),
                    arrowprops=dict(facecolor='black', shrink=0.05),)
```

legend 用来添加图例，提供图表的补充说明。grid 可以用于绘制隔线。

```
1      plt.legend(['A', 'B'])
2      plt.grid(True)
```

最后，把这张图画出来，如图 5.12 所示。

```
1      plt.show()
```

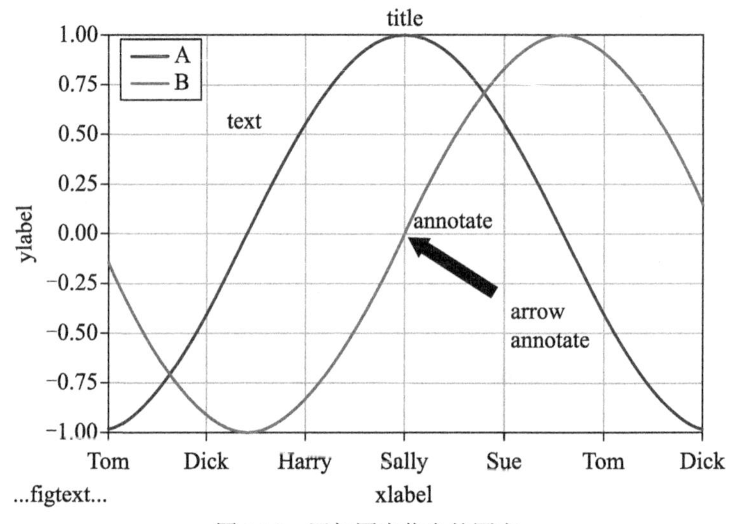

图 5.12　添加图表信息的图表

注：图中英文单词为笔者在代码中指定的参数，这些参数会被显示在图中。实践中，读者可以使用任意可描述图的文字。

5.3.3　处理多个图形

5.3.1 ～ 5.3.2 节介绍了一个图表的制作方法。在实践中，用户也有将多个图表呈现在一张图中的需求。多图表的图可以分成两种：一种是两张分开的图，另一种是两张重叠的图，如图 5.13 所示。

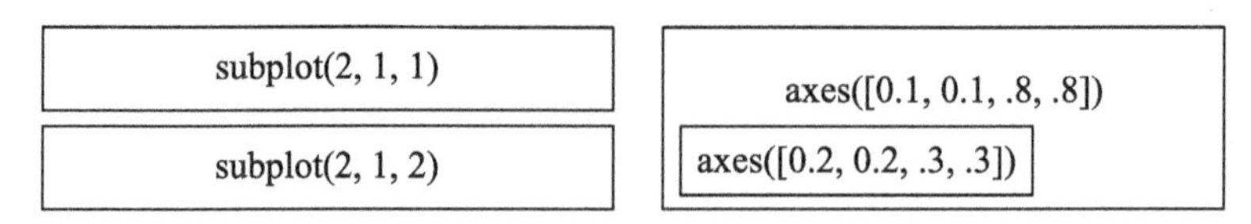

图 5.13　处理多个图形

注：subplot 即子图方法，axes 表示坐标。

分开的图使用 subplot（子图）的方式操作：

```
1    plt.subplot(2,1,1)
2    plt.xticks([]), plt.yticks([])
3    plt.text(0.5,0.5, 'subplot(2,1,1)',ha='center',va='center',size=24,alpha=.5)
4
5    plt.subplot(2,1,2)
6    plt.xticks([]), plt.yticks([])
7    plt.text(0.5,0.5, 'subplot(2,1,2)',ha='center',va='center',size=24,alpha=.5)
8
9    plt.show()
```

分开的图使用 subplots（子图）的方式操作：

```
1    fig, axes = plt.subplots(nrows=2, ncols=1)
2
3    axes[0].text(0.5,0.5, 'subplot(2,1,1)',ha='center',va='center',size=24,alpha=.5)
4    axes[1].text(0.5,0.5, 'subplot(2,1,2)',ha='center',va='center',size=24,alpha=.5)
5
6    plt.show()
```

重叠的图使用 axes（坐标）的方式操作：

```
1    plt.axes([0.1,0.1,.8,.8])
2    plt.xticks([])
3    plt.yticks([])
4    plt.text(0.6,0.6, 'axes([0.1,0.1,.8,.8])',ha='center',va='center',
              size=20,alpha=.5)
5
6    plt.axes([0.2,0.2,.3,.3])
7    plt.xticks([])
8    plt.yticks([])
9    plt.text(0.5,0.5, 'axes([0.2,0.2,.3,.3])',ha='center',va='center',
             size=16,alpha=.5)
10
11   plt.show()
```

5.3.4　完整的Matplotmap图

一个完整的图应该具备哪些元素？如何将这些元素串在一起？一张包含数据、标签及各种设置的图如图 5.14 所示。

```
1    import pandas as pd
2    import numpy as np
3    import matplotlib.pyplot as plt
4
5    # 产生三组随机常态分布元素
6    x = pd.period_range(pd.datetime.now(), periods=200, freq='d')
7    x = x.to_timestamp().to_pydatetime()
8    y = np.random.randn(200, 3).cumsum(0)
9    plt.plot(x, y)
10
11   # 设置标签
```

```
12      plots = plt.plot(x, y)
13      plt.legend(plots, ('A', 'F', 'G'),
14          loc='best', framealpha=0.5, prop={'size': 'large', 'family': 'monospace'})
15
16      # 标题与轴标签
17      plt.title('Trends')
18      plt.xlabel('Date')
19      plt.ylabel('Sum')
20      plt.grid(True)
21      plt.plot(x, y)
22      plt.show()
```

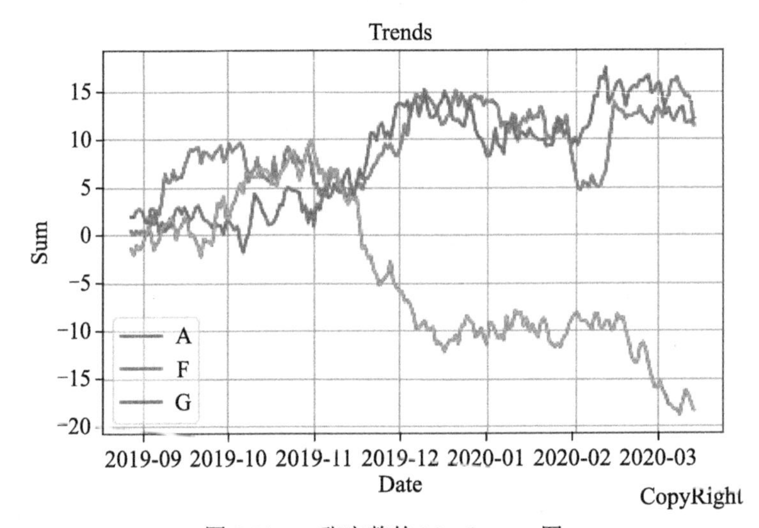

图 5.14　一张完整的 Matplotmap 图

注：图中英文对应笔者在代码中指定的名字。实践中，读者需要将它们替换成自己需要的文字。

使用子图表产生多张图，如图 5.15 所示。

```
1       fig, axes = plt.subplots(nrows=3, ncols=1, sharex=True, sharey=True, figsize=(8, 8))
2       labelled_data = zip(y.transpose(), ('A', 'F', 'G'), ('b', 'g', 'r'))
3       fig.suptitle('Three Trends', fontsize=16)
4
5       for i, ld in enumerate(labelled_data):
6           ax = axes[i]
7           ax.plot(x, ld[0], label=ld[1], color=ld[2])
8           ax.set_ylabel('Sum')
9           ax.legend(loc='upper left', framealpha=0.5, prop={'size': 'small'})
10      axes[-1].set_xlabel('Date')
11      plt.show()
```

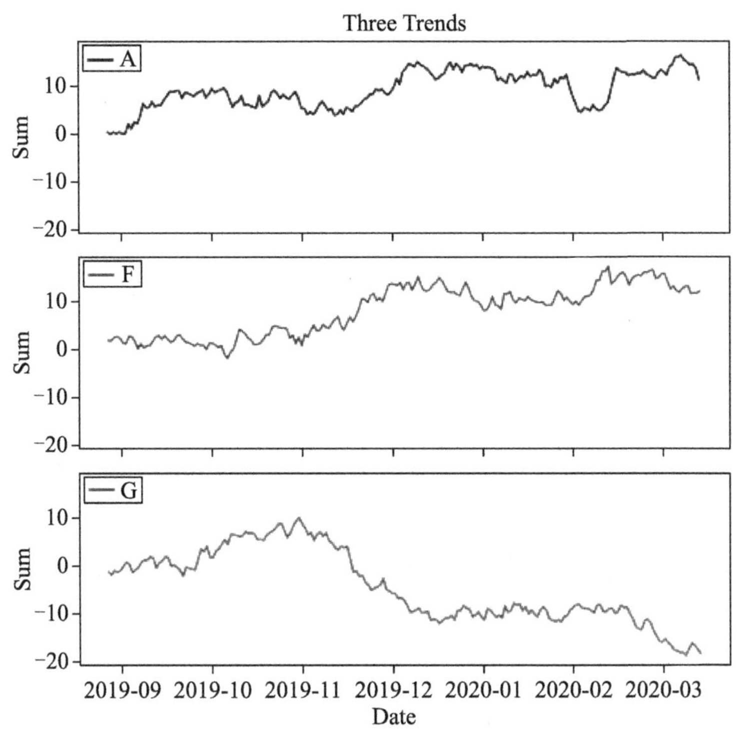

图 5.15　一张完整的 Matplotmap 图——多张图

5.3.5　其他图表

除了 plot 的线图之外，实际案例中也有许多不同类型的图表。

- 线图（line plot）。
- 散布图（scatter plot）。
- 长条图（bar plot）。
- 直方图（histogram）。
- 箱形图（box plot）。
- 圆饼图（pie plot）。

绘制线图时，直接使用 plot 设置 x、y 即可，如图 5.16 所示。

```
1      # 线图
2      x = [4, 4, 17, 17, 18]
3      y = [2, 20, 22, 24, 20]
4
5      plt.plot(x, y)
6      plt.show()
```

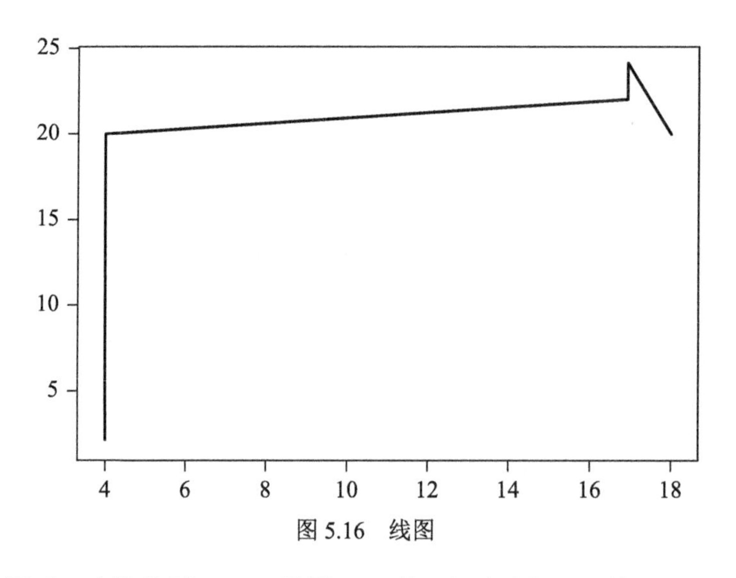

图 5.16　线图

绘制散布图时，直接使用 scatter 设置 x、y 即可，如图 5.17 所示。

```
1       # 散布图
2       num_points = 100
3       gradient = 0.5
4       x = np.array(range(num_points))
5       y = np.random.randn(num_points) * 10 + x * gradient
6       plt.scatter(x, y)
7       plt.show()
```

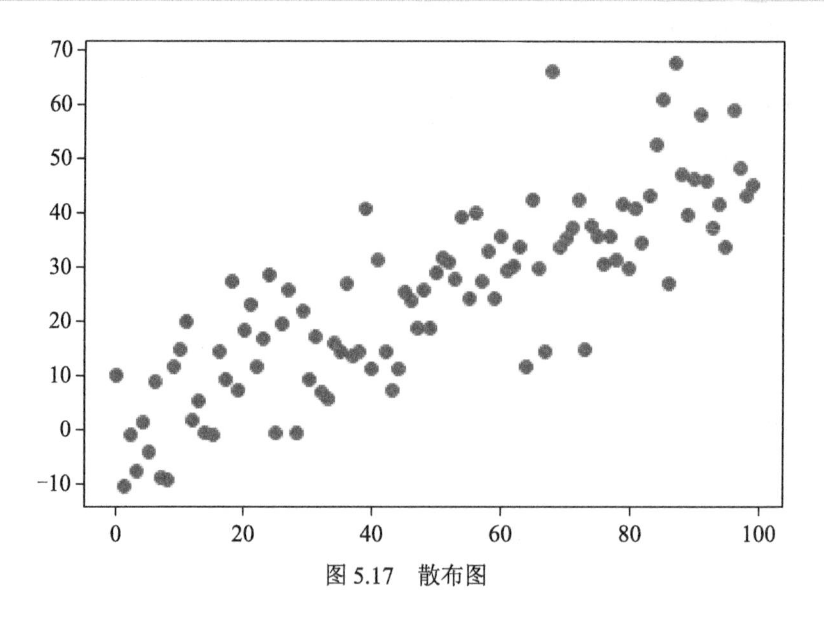

图 5.17　散布图

如果想要散布图与线图一起出现，则可以先使用 plot 和 scatter 绘制图表，再使用 show 输出图表，如图 5.18 所示。

```
1    # 散布图 + 线图
2    num_points = 100
3    gradient = 0.5
4    x = np.array(range(num_points))
5    y = np.random.randn(num_points) * 10 + x * gradient
6    plt.scatter(x, y)
7    plt.plot(x, y)
8    plt.show()
```

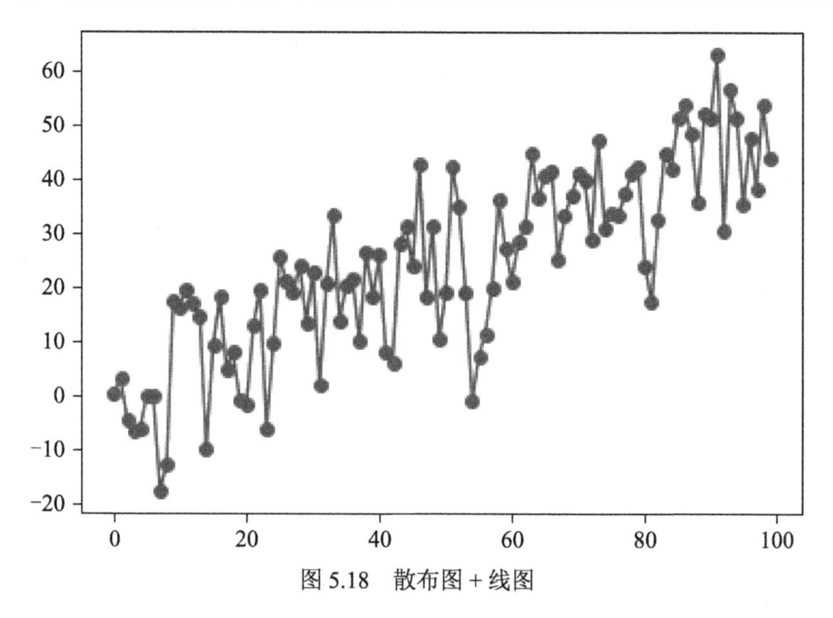

图 5.18　散布图 + 线图

plot 可把所有的数据点连接起来。如果想要显示斜直线，则可以用 np.polyfit 的方式找出一条拟合直线的斜率，如图 5.19 所示。

```
1    # 散布图 + 斜直线
2    num_points = 100
3    gradient = 0.5
4    x = np.array(range(num_points))
5    y = np.random.randn(num_points) * 10 + x * gradient
6    plt.scatter(x, y)
7    m, c = np.polyfit(x, y, 1) # 使用 NumPy 的 polyfit,参数 1 代表一维,算出 fit 直线斜率
8    plt.plot(x, m*x+c)
9    plt.show()
```

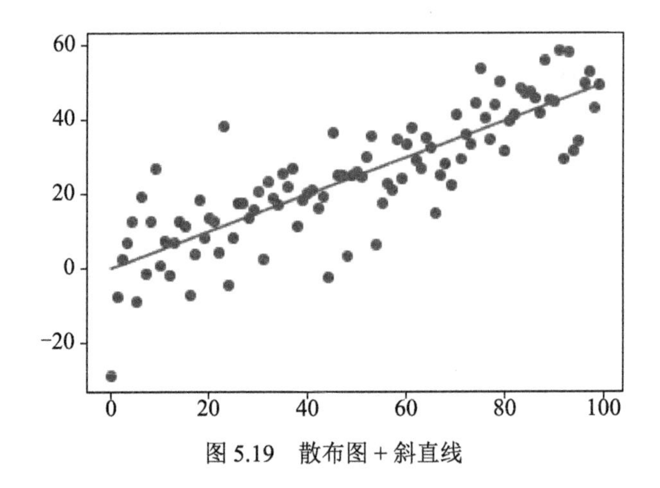

图 5.19　散布图 + 斜直线

绘制长条图时，也可以设置数据点的坐标，用 bar 的方式设置，如图 5.20 所示。

```
1	# 长条图
2	x = [4, 4, 17, 17, 18]
3	y = [2, 20, 22, 24, 20]
4	plt.bar(x, y)
5
6	plt.show()
```

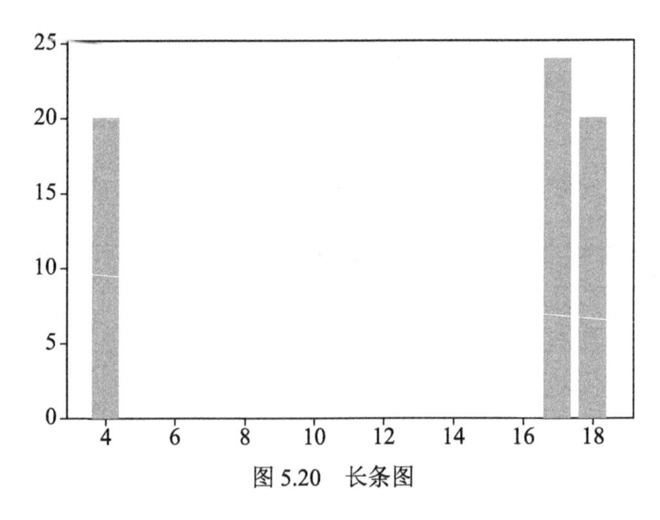

图 5.20　长条图

直方图看起来与长条图很相似，差别在于直方图的数据是连续的，它会自己计算分布，只需要一组数据，如图 5.21 所示。

```
1	# 直方图
2	normal_samples = np.random.normal(size=100)
3	plt.hist(normal_samples)
4	plt.show()
```

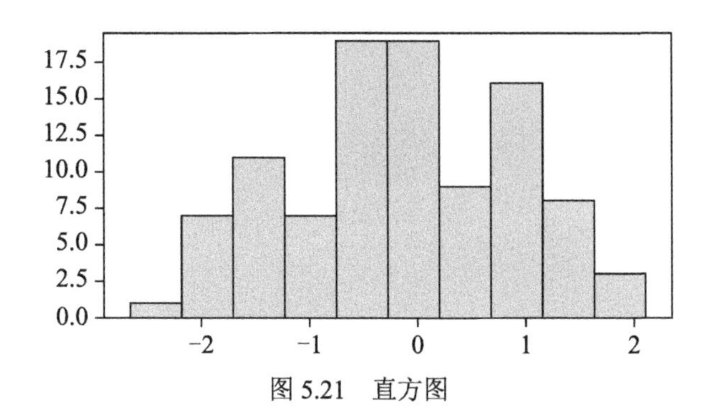

图 5.21　直方图

箱形图也是根据数据计算分布的，只需要一组数据，如图 5.22 所示。

```
1	# 箱形图
2	normal_samples = np.random.normal(size = 100)
3	
4	plt.boxplot(normal_samples)
5	plt.show()
```

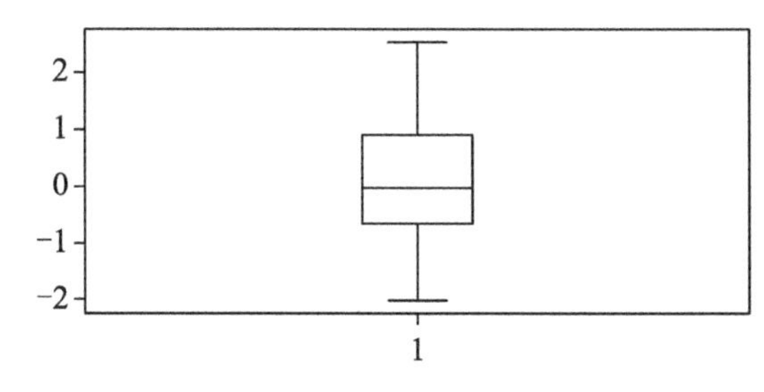

图 5.22　箱形图

圆饼图也只需要一组数据，如图 5.23 所示。

```
1	# 圆饼图
2	normal_samples = np.random.randint(1, 11, 5)
3	
4	plt.pie(normal_samples)
5	plt.show()
```

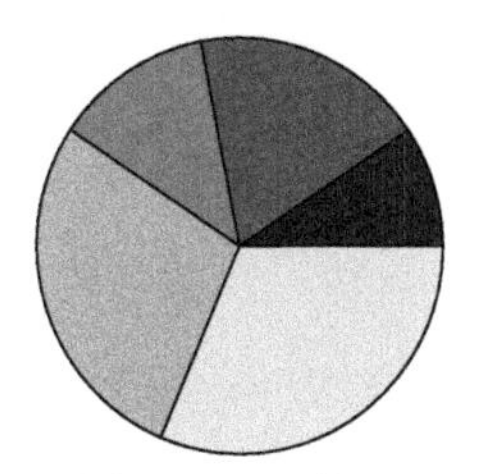

图 5.23　圆饼图

第6章　定义问题与观察数据

当被指派一个新的数据项目时，开发者通常不知道该如何开始，定义问题往往是一件不容易的事。第6章讨论面向一个数据项目的起手式，并介绍几种策略作为项目初期的套路。6.1节介绍如何定义一个数据项目，6.2节说明如何学习并开始一个数据项目，6.3节解析常见的观察数据套路。

本章主要涉及的知识点：

- 如何定义数据项目；
- 如何观察数据。

6.1 如何定义一个数据项目

本节讨论“如何定义一个数据项目”。数据项目是指利用数据发现关系的一种工作流程项目。数据可能是历史的数据、现在的数据或是未来的数据，关系可能是相关性、因果性或是预测关系。根据不同的数据与使用情境，数据分析模型可以分为两种：监督式学习模型和非监督式学习模型。我们需要先了解当前一些数据分析模型，才能够根据问题提出解决方案。

监督式学习是指有一个很明确的栏位及有效完成预测或分类的目标变量，又称为分类。非监督式学习是利用数据与数据间关系替代类似的关系，又称为聚类。监督式学习是基于初步关系的，非监督式学习则是基于横向关系的。例如，利用过去的天气数据预测明天“会不会下雨”或“下雨概率”这类的问题，因为有一个明确的目标，所以这种学习被称为监督式学习。又如，使用者轮廓分析的应用所涉及的是非监督式学习。

非监督式学习是在没有预设学习的目标下，从数据找出关系的一种方法。非监督式学习其实就是找相似的数据形成一个群体，因此又被称为分群法或丛集法。非监督式学习基于数学上的距离公式，利用物理意义上的相近来表示实例数据的相似。半监督式学习介于监督式学习与非监督式学习之间，有一个明确的目标栏位，但数据中并没有完整的目标值。

关联规则学习是数据挖掘这个学科中的另一种方法，核心概念是从数据中找出经常一起出现的关系（也可以称为频繁集合）。不同于非监督式学习中的相似关系，关联规则学习是利用频繁关系作为关联使用的。

以上讨论的是单一模型，进阶一点，用户可以考虑模型间的组合或搭配，如集成式学习就是将很多个模型放在一起考虑的。在机器学习的理论中有一个 No Free Lunch Theorems 的理论，简单解释就是没有一种模型可以适用于所有的状况，每一种模型都有其适合的场景。基于该理论，使用集成式方法（Ensemble Method）将模型组合在一起，就很像瞎子摸象的做法，每一种模型都代表不同的观点，对其进行综合考虑后找出更全面的解法。增强式学习是一种模型自学的做法，利用惩罚与鼓励的机制让模型可重复地自我学习，进而达到最优化的结果。

深度学习是透过维度转换，将维度一层一层转换到一个机器易分的程度。用户可以将每一层都视为一个模型，再利用数学的最优化方法找到最佳解。

认识了数据分析方法，接下来换一个角度，有哪些常见的领域适合用数据分析或机器学习的模型方法来处理，甚至衍生出新的领域？基于图挖掘（Graph Mining）、网络社群关系的多维度应用，用于文本数据上的自然语言挖掘，或图形、动画数据上的影像分析，都是现在很流行的方向。基于广告投放和行销策略的应用而发展出的推荐系统也是数据分析常见的应用，如表 6.1 所示。

表 6.1　3 种类型的模型

基础版本的模型	进阶版本的模型
- 监督式学习 - 非监督式学习 - 半监督式学习 - 关联规则学习	- 集成式学习 - 增强式学习 - 深度学习
目前主流的应用情境	
- 时间序列分析 - 网络关系分析 - 自然语言挖掘 - 影像分析 - 推荐系统 - 广告投放和行销策略	

6.2　如何学习并开始一个数据项目

本节将探讨学习并开始一个数据项目的方法。通过几个常见的指标（作为面对数据项目的起手式），帮助读者更顺畅地起步。

6.2.1　如何学习数据分析

数据驱动（Data Driven）的方法论是数据分析兴起的一个概念。笔者认为，对于初学者而言，其可以先聚焦在特定的问题上面讨论，再在一个最小可解上面进行优化；在熟悉各种方法论之后，再试着进行更泛化的数据驱动。

首先挑选一个自己感兴趣的数据集，找出一个可以回答的问题，根据这个题目找到一个最基本的原型解（Prototype Solution）来检验这个问题是否可解，通常就是选用最简单的模型当作基础线（Baseline）。

接着从基础线进行优化，一般来说分为两种角度：更好分的数据和更厉害的模型。“更好分的数据”是从数据下手，对数据进行转换与重组，称为“特征工程”。“更厉害的模型”则是利用复杂的模型，如集成式学习或深度学习的模型。除了模型准确度的优化之外，速度与代码质量也是重要的指标，如图 6.1 所示。

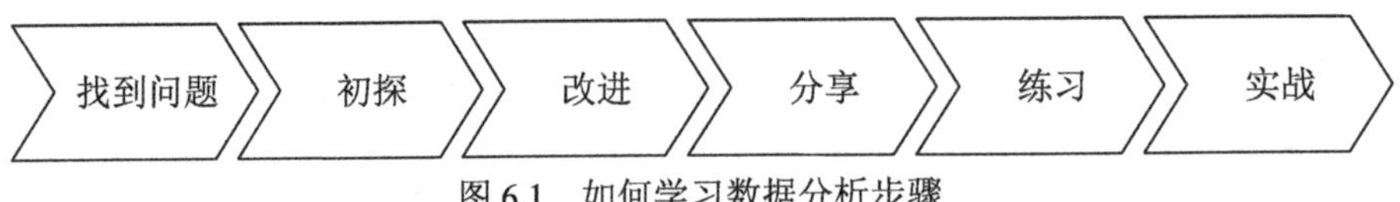

图 6.1　如何学习数据分析步骤

先利用原型解建立对一个基础线的工作流，建议将预处理与模型比较分成不同的模组。持续从不同的角度进行调整，去观察做哪些动作会造成怎样的优化，最终慢慢淬炼出这个数据适合哪些手法。建立数据工作流与优化模组之后，就可以快速地将其迁移到类似的数据与问题上。通过反复练习，从每次的调整中让自己更从容地查看数据。

6.2.2　如何开始一个数据项目

对数据进行初步认识，有助于读者对后续的流程有足够的认识。开始数据项目的时候，建议分析者先从以下几个问题下手。

- 想要解决的问题是什么？
- 需要用到什么数据？
- 数据的来源有哪些？
- 数据的类型和种类有哪些？
- 可以回答什么问题？

以下用几个案例，带着读者厘清思考脉络。第一个例子，如购房的问题，购房者在想要买新房子的时候，通常想买到既便宜又大的房子。然而，很多购房者往往不知道该考虑什么因素，且担心的因素常不是影响房价的最重要因素，如果知道哪些因素才会真正会影响房价，购房者就可能会买到满意的房子。此时，就需要用房价数据来观察过去的数据。

基于 Kaggle 平台上的“House Prices: Advanced Regression Techniques”数据集（这个数据集是一个与房屋价格及其影响因子有关的数据集，它包含了各种信息，如房子大小、所在位置等），分析者可以利用房价数据，通过收集各种潜在影响房价的因素，利用回归模型找出最可能影响房价的因子，为购房者提供参考依据。

第二个例子，如果我们想要解决犯罪与再犯的问题，如旧金山地区过去曾因为恶魔岛监狱而出名，现在则转为世界知名的科技重镇。然而，各种因素导致犯罪问题还是层出不穷。如果能知道潜在犯罪类型，我们也许就能够预先防范，提出改善的策略。

基于 Kaggle 平台上的“San Francisco Crime Classification”数据集（由 SF OpenData

机构收集旧金山地区 12 年历史犯罪报告数据，包含数值、类别数据的结构化数据与文本的结构化数据），分析者可以利用分类模型预测未来可能发生的犯罪类型，预测不同地区各种犯罪类型发生的概率，让相关单位或居民能预先应变。

6.3　观察数据的 *N* 件事

在了解了常见的数据分析方法、选取了数据来源、明确了要解决的问题之后，就可以开始跟数据交手了。

6.3.1　准备数据

首先，将数据导入 Python Pandas 的 DataFrame。DataFrame 是一个二维的数据结构，同时适合数据表的呈现，也兼顾数学运算的向量特质。

```
1   # 准备数据
2   df1 = pd.DataFrame({
3           'A' :1.,
4           'B' : pd.Timestamp('20130102'),
5           'C' : pd.Series(1,index=list(range(4)),dtype='float32'),
6           'D' : np.array([3]*4,dtype='int32'),
7           'E' : pd.Categorical(["test","train","test","train"]),
8           'F' : 'foo'
9       })
10  df2 = pd.read_csv('./test.csv')
11  df3 = pd.read_csv('https://raw.githubusercontent.com/vincent \
12    arelbundock/Rdatasets/master/datasets.csv')
13
14  print(df1.head())
15  print(df2.head())
16  print(df3.head())
```

示范 3 种常见的数据导入方式：直接从 Python 数据结构中导入；读取一个本地端的文件；读取一个网络上的文件。

6.3.2　明确数据的关注点

在这个阶段，需要关注数据可能具有哪些问题和特性。简单来说，可以从两个角度来考虑：“我们有多少数据？”与“实例上该怎么办？”，然后将其拆分成需要考虑的问题，如表 6.2 所示。

表 6.2 数据有哪些关注点

我们有多少数据?	实例上该怎么办?
多少个数据来源? 数据的格式是什么? 数据之间的关系是什么? 数据栏位的意义是什么? 每一笔数据的意义是什么?	怎么读数据? 有多少笔数据? 有多少个栏位? 有没有遗失值?

6.3.3 观察数据的步骤

准备好了数据、建立对数据的敏感度之后，可以开始观察数据。观察数据的步骤如下。

- 认识数据栏位。
- 快速检阅数据样貌。
- 定义数据栏位类型。
- 确认类别数据分布。
- 确认数值数据范围。
- 比较数据间的关系。

1. 认识数据栏位

认识数据栏位是用户在拿到数据之后还没有做任何事时必须要先做的。例如，先读过一次数据说明手册，或简单访谈一下数据提供者。

2. 快速检阅数据样貌

利用程序做的第一件事情是提取出概括性、总体性的内容，如整个数据有几笔、大小如何，或其中几笔数据的大概情况。

```
1   df.shape # 数据大小
2   df.columns # 回传栏位名称
3   df.index # 回传索引名称
4   len(df) # 数据长度
5
6   df.head(N) # 显示前 n 列数据
7   df.tail(N) # 显示后 n 列数据
```

思考 **当数据量太大时，通过 Jupyther Notebook 无法看到所有数据，该怎么处理?**

3. 定义数据栏位类型

为了有效地利用数据的特性，人们一般会将数据分成几种类型。

- 类别型：有序的、无序的。
- 数值型：连续的、离散的。
- 其他：时序型、文本型。

对应到程序来说，Pandas 提供了两个指令，用于查阅数据的类型与范围。

```
1    df.info() # 显示每个栏位的类型与空值
2    df.describe() # 显示每个栏位的范围与分布
```

Pandas 提供数据类型如表 6.3 所示。

表 6.3　Pandas 数据类型

Pandas dtype	Python type	NumPy type	Usage
Object	str	string_, unicode_	Text
int64	int	int_, int8, int16, int32, int64, uint8, uint16, uint32, uint64	Integer numbers
float64	float	float_, float16, float32, float64	Floating point numbers
Bool	bool	bool_	True/False values
datetime64	NA	datetime64[ns]	Date and time values
timedelta[ns]	NA	NA	Differences between two datetimes
category	NA	NA	Finite list of text values

注意 **Pandas 所提供的数据类型并没有完全符合真实世界的分法，因此这部分需要介入人工判别。**

4. 确认类别型数据分布

对于类别型数据，需要注意每个栏位的分布状况，观察是否有数量的差异或偏态的状况。以下提供几个利用 Pandas 语法的实例。

```
1    df.______.value_counts() # 每个类别的分布
2    df.______.unique() # 内容有几类
3    len(df[df.______.notnull()]) # 有值的数据有多少笔
4    len(df[df.______.isnull()]) # 遗失值有多少笔
5    df.______.isnull().value_counts() # 有值/遗失值的数据有多少笔
```

5. 确认数值型数据范围

对于数值型数据，需要注意每个栏位的范围、统计状况，观察是否符合概率分布或是否有异常的状况。以下提供几个利用 Pandas 语法的实例。

```
1    df.______.max() # 最大值
2    df.______.min() # 最小值
3    df.______.mean() # 平均值
4    df.______.median()
5    df.______.mode()
```

```
6   df._____.std()
7   df.sort_values(by=_____, ascending=False)))
```

6. 比较数据间的关系

看完离散、数值栏位的数据后，也会想知道数据间的关系是怎样的，这叫作相关性。Pandas 当中的相关性方法示例如下。

```
1   # 栏位间的关系
2   df.corr()
3   df.corr().x.y
4   df.x.corr(df.y)
5   pd.crosstab(df.D,[df.x])
```

6.4 示范如何观察数据

本节将使用真实的数据集示范如何实践“观察数据”这件事，采用了房屋数据集（House Prices：Advanced Regression Techniques）与犯罪数据集（San Francisco Crime Classification）两个数据集，也可呼应到 6.3 节的使用情境。

6.4.1 房屋数据集

House Prices: Advanced Regression Techniques 是一个与房屋价格及其影响因子有关的数据集，是由 Dean De Cock 通过实地访谈收集到的 Ames、Iowa 地区 2015—2018 年的房屋数据集。

- *数据名称*：House Prices: Advanced Regression Techniques。
- *数据来源*：Kaggle。

首先用 pandas 的 read_csv 将数据导入程序，数据会以 DataFrame 的结构存在。

```
1 # 数据载入
2 df = pd.read_csv("./house price.csv")
```

接下来，检阅数据样貌，如数据的大小、宽度、栏位名称等。

```
1 # 快速检阅数据样貌
2 print(df.shape) # 数据大小
3 print(df.columns) # 回传栏位名称
4 print(df.index) # 回传索引名称
5 print(len(df)) # 数据宽度
6
7 df.head(3) # 显示前 n 列数据
8 df.tail(3) # 显示后 n 列数据
```

以下是输出结果，如图 6.2 和图 6.3 所示。

```
(1460, 81)
Index(['Id', 'MSSubClass', 'MSZoning', 'LotFrontage', 'LotArea', 'Street',
       'Alley', 'LotShape', 'LandContour', 'Utilities', 'LotConfig',
       'LandSlope', 'Neighborhood', 'Condition1', 'Condition2', 'BldgType',
       'HouseStyle', 'OverallQual', 'OverallCond', 'YearBuilt', 'YearRemodAdd',
       'RoofStyle', 'RoofMatl', 'Exterior1st', 'Exterior2nd', 'MasVnrType',
       'MasVnrArea', 'ExterQual', 'ExterCond', 'Foundation', 'BsmtQual',
       'BsmtCond', 'BsmtExposure', 'BsmtFinType1', 'BsmtFinSF1',
       'BsmtFinType2', 'BsmtFinSF2', 'BsmtUnfSF', 'TotalBsmtSF', 'Heating',
       'HeatingQC', 'CentralAir', 'Electrical', '1stFlrSF', '2ndFlrSF',
       'LowQualFinSF', 'GrLivArea', 'BsmtFullBath', 'BsmtHalfBath', 'FullBath',
       'HalfBath', 'BedroomAbvGr', 'KitchenAbvGr', 'KitchenQual',
       'TotRmsAbvGrd', 'Functional', 'Fireplaces', 'FireplaceQu', 'GarageType',
       'GarageYrBlt', 'GarageFinish', 'GarageCars', 'GarageArea', 'GarageQual',
       'GarageCond', 'PavedDrive', 'WoodDeckSF', 'OpenPorchSF',
       'EnclosedPorch', '3SsnPorch', 'ScreenPorch', 'PoolArea', 'PoolQC',
       'Fence', 'MiscFeature', 'MiscVal', 'MoSold', 'YrSold', 'SaleType',
       'SaleCondition', 'SalePrice'],
      dtype='object')
RangeIndex(start=0, stop=1460, step=1)
1460
```

	Id	MSSubClass	MSZoning	LotFrontage	LotArea	Street	Alley	LotShape	LandContour	Utilities	...	PoolArea	PoolQC	Fence	MiscFeature	Mi
0	1	60	RL	65.0	8450	Pave	NaN	Reg	Lvl	AllPub	...	0	NaN	NaN	NaN	0
1	2	20	RL	80.0	9600	Pave	NaN	Reg	Lvl	AllPub	...	0	NaN	NaN	NaN	0
2	3	60	RL	68.0	11250	Pave	NaN	IR1	Lvl	AllPub	...	0	NaN	NaN	NaN	0

图 6.2　df.head(3) 输出结果

注：图中英文对应笔者在代码中或数据中指定的名字，实践中读者可将它们替换成自己需要的文字。

	Id	MSSubClass	MSZoning	LotFrontage	LotArea	Street	Alley	LotShape	LandContour	Utilities	...	PoolArea	PoolQC	Fence	MiscFeatu
1457	1458	70	RL	66.0	9042	Pave	NaN	Reg	Lvl	AllPub	...	0	NaN	GdPrv	Shed
1458	1459	20	RL	68.0	9717	Pave	NaN	Reg	Lvl	AllPub	...	0	NaN	NaN	NaN
1459	1460	20	RL	75.0	9937	Pave	NaN	Reg	Lvl	AllPub	...	0	NaN	NaN	NaN

图 6.3　df.tail(3) 输出结果

注：图中英文对应笔者在代码中或数据中指定的名字，实践中读者可将它们替换成自己需要的文字。

再使用 DataFrame 自带的 info、describe 方法来整理数据内容。

```
1 # 定义数据类型
2 df.info() # 显示每个栏位的类型与空值
3 df.describe() # 显示数值型每个栏位的范围与分布
```

以下是输出结果，如图 6.4 所示。

```
<class 'pandas.core.frame.DataFrame'>
RangeIndex: 1460 entries, 0 to 1459
Data columns (total 81 columns):
Id                  1460 non-null int64
MSSubClass          1460 non-null int64
MSZoning            1460 non-null object
LotFrontage         1201 non-null float64
LotArea             1460 non-null int64
Street              1460 non-null object
Alley                 91 non-null object
LotShape            1460 non-null object
LandContour         1460 non-null object
Utilities           1460 non-null object
LotConfig           1460 non-null object
LandSlope           1460 non-null object
                    ...
```

	Id	MSSubClass	LotFrontage	LotArea	OverallQual
count	1460.000000	1460.000000	1201.000000	1460.000000	1460.000000
mean	730.500000	56.897260	70.049958	10516.828082	6.099315
std	421.610009	42.300571	24.284752	9981.264932	1.382997
min	1.000000	20.000000	21.000000	1300.000000	1.000000
25%	365.750000	20.000000	59.000000	7553.500000	5.000000
50%	730.500000	50.000000	69.000000	9478.500000	6.000000
75%	1095.250000	70.000000	80.000000	11601.500000	7.000000
max	1460.000000	190.000000	313.000000	215245.000000	10.000000

图 6.4　df.describe() 输出结果

注：count 为计数，mean 为平均值，std 为标准差，min 为最小值，max 为最大值，其余英文对应数据中指定的名字，实践中读者需要将它们替换成自己需要的文字。

对于连续数据，需要关注数据的统计值，如最大值、最小值和平均值。

```
 1 # 确认连续数据的范围
 2 print(df.LotArea.max()) # 最大值
 3 print(df.LotArea.min()) # 最小值
 4 print(df.LotArea.mean()) # 平均值
 5 print(df.LotArea.median())
 6 print(df.LotArea.mode())
 7 print(df.LotArea.std())
 8 print(len(df[df.LotArea.notnull()])) # 有值的数据有多少笔
 9 print(len(df[df.LotArea.isnull()])) # 遗失值有多少笔
10
11 df.sort_values(by="LotArea", ascending=False)
```

以下是输出结果，如图 6.5 所示。

```
215245
1300
10516.828082191782
9478.5
0    7200
dtype: int64
9981.264932379147
1460
0
```

	Id	MSSubClass	MSZoning	LotFrontage	LotArea
313	314	20	RL	150.0	215245
335	336	190	RL	NaN	164660
249	250	50	RL	NaN	159000
706	707	20	RL	NaN	115149
451	452	20	RL	62.0	70761
1298	1299	60	RL	313.0	63887

图 6.5　df.sort_value() 输出结果

注：图中英文对应笔者在代码中指定的名字，实践中读者可将它们替换成自己需要的文字。

对于类别数据，需要关注数据的分布状况。

```
1 # 确认类别数据的分布
2 print(df.Street.value_counts()) # 每个类别的分布
3 print(df.Street.unique()) # 内容有几类
4 print(len(df[df.Street.notnull()])) # 有值的数据有多少笔
5 print(len(df[df.Street.isnull()])) # 遗失值有多少笔
6 print(df.Street.isnull().value_counts()) # 有值/遗失值的数据有多少笔
```

以下是输出结果。

```
Pave    1454
Grvl       6
Name: Street, dtype: int64
['Pave' 'Grvl']
1460
0
False    1460
```

最后利用相关系数或交叉表的方式来观察数据特征间的关系，如图 6.6 和图 6.7 所示。

```
1 # 比较数据间的关系
2 df.corr()
3 pd.crosstab(df.Street, df.MSZoning)#交叉表
```

	Id	MSSubClass	LotFrontage	LotArea	OverallQual
Id	1.000000	0.011156	-0.010601	-0.033226	-0.028365
MSSubClass	0.011156	1.000000	-0.386347	-0.139781	0.032628
LotFrontage	-0.010601	-0.386347	1.000000	0.426095	0.251646
LotArea	-0.033226	-0.139781	0.426095	1.000000	0.105806
OverallQual	-0.028365	0.032628	0.251646	0.105806	1.000000

图 6.6 df.corr() 输出结果

注：图中英文对应笔者在代码中或数据中指定的名字，实践中读者可将它们替换成自己需要的文字。

MSZoning	C (all)	FV	RH	RL	RM
Street					
Grvl	2	0	0	3	1
Pave	8	65	16	1148	217

图 6.7 df.crosstab() 输出结果

注：图中英文对应数据集中的房屋数据类型，如 C（all）代表 Commercial 即商务，FV 代表 Floating Village Residential 即海滨房源等。

6.4.2 犯罪数据集

由 SF OpenData 机构收集的 San Francisco Crime Classification 数据集，包含旧金山地区 12 年历史犯罪报告数据，如数值、类别数据的结构化数据与文本的结构化数据。

- *数据名称*：San Francisco Crime Classification。
- *数据来源*：Kaggle。

首先，用 pandas 的 read_csv 将数据导入程序，数据会以 DataFrame 的结构存在。

```
1 # 数据载入
2 df = pd.read_csv("./SF crime classification.csv")
```

接下来，检阅数据样貌，如数据的大小、宽度、栏位名称等，如图 6.8 和图 6.9 所示。

```
1 # 快速检阅数据样貌
2 print(df.shape) # 数据大小
3 print(df.columns) # 回传栏位名称
4 print(df.index) # 回传索引名称
5 print(len(df)) # 数据宽度
6
7 df.head(3)
8 df.tail(3)
```

	Dates	Category	Descript	DayOfWeek	PdDistrict	Resolution	Address	X	Y
0	2015-05-13 23:53:00	WARRANTS	WARRANT ARREST	Wednesday	NORTHERN	ARREST, BOOKED	OAK ST / LAGUNA ST	-122.425892	37.774599
1	2015-05-13 23:53:00	OTHER OFFENSES	TRAFFIC VIOLATION ARREST	Wednesday	NORTHERN	ARREST, BOOKED	OAK ST / LAGUNA ST	-122.425892	37.774599
2	2015-05-13 23:33:00	OTHER OFFENSES	TRAFFIC VIOLATION ARREST	Wednesday	NORTHERN	ARREST, BOOKED	VANNESS AV / GREENWICH ST	-122.424363	37.800414

图 6.8 df.head() 输出结果

注：图中英文对应笔者在代码中或数据中指定的名字，实践中读者可将它们替换成自己需要的文字。

	Dates	Category	Descript	DayOfWeek	PdDistrict	Resolution	Address	X	Y
878046	2003-01-06 00:01:00	LARCENY/THEFT	GRAND THEFT FROM LOCKED AUTO	Monday	SOUTHERN	NONE	5TH ST / FOLSOM ST	-122.403390	37.780266
878047	2003-01-06 00:01:00	VANDALISM	MALICIOUS MISCHIEF, VANDALISM OF VEHICLES	Monday	SOUTHERN	NONE	TOWNSEND ST / 2ND ST	-122.390531	37.780607
878048	2003-01-06 00:01:00	FORGERY/COUNTERFEITING	CHECKS, FORGERY (FELONY)	Monday	BAYVIEW	NONE	1800 Block of NEWCOMB AV	-122.394926	37.738212

图 6.9 df.tail() 输出结果

注：图中英文对应笔者在代码中或数据中指定的名字，实践中读者可将它们替换成自己需要的文字。

再使用 DataFrame 自带的 info、describe 方法来整理数据内容。

```
1 # 定义数据类型
2 df.info() # 显示每个栏位的类型与空值
3 df.describe() # 显示每个栏位的范围与分布
```

以下是输出结果，如图 6.10 所示。

```
<class 'pandas.core.frame.DataFrame'>
RangeIndex: 878049 entries, 0 to 878048
Data columns (total 9 columns):
Dates          878049 non-null object
Category       878049 non-null object
Descript       878049 non-null object
DayOfWeek      878049 non-null object
PdDistrict     878049 non-null object
Resolution     878049 non-null object
Address        878049 non-null object
X              878049 non-null float64
Y              878049 non-null float64
dtypes: float64(2), object(7)
memory usage: 60.3+ MB
```

	X	Y
count	878049.000000	878049.000000
mean	-122.422616	37.771020
std	0.030354	0.456893
min	-122.513642	37.707879
25%	-122.432952	37.752427
50%	-122.416420	37.775421
75%	-122.406959	37.784369
max	-120.500000	90.000000

图 6.10　df.describe() 输出结果

注：count 为计数，mean 为平均值，std 为标准差，min 为最小值，max 为最大值。

对于连续数据，需要关注数据的统计值，如最大值、最小值和平均值。

```
 1 # 确认连续数据的范围
 2 print(df.X.max()) # 最大值
 3 print(df.X.min()) # 最小值
 4 print(df.X.mean()) # 平均值
 5 print(df.X.median())
 6 print(df.X.mode())
 7 print(df.X.std())
 8 print(len(df[df.X.notnull()])) # 有值的数据有多少笔
 9 print(len(df[df.X.isnull()])) # 遗失值有多少笔
10
11 df.sort_values(by="X", ascending=False)
```

以下是输出结果，如图 6.11 所示。

```
-120.5
-122.51364206429
-122.4226164550066
-122.41641961495
0    -122.403405
dtype: float64
0.030353622998491543
878049
0
```

	Dates	Category	Descript	DayOfWeek	PdDistrict	Resolution	Address	X	
756059	2004-08-19 03:43:00	OTHER OFFENSES	DRIVERS LICENSE, SUSPENDED OR REVOKED	Thursday	BAYVIEW	ARREST, CITED	I-280 / PENNSYLVANIA AV	-120.500000	90.000
789255	2004-03-15 15:30:00	ASSAULT	BATTERY	Monday	INGLESIDE	JUVENILE BOOKED	PERSIA AV / LA GRANDE AV	-120.500000	90.000
842828	2003-06-23 19:00:00	LARCENY/THEFT	GRAND THEFT FROM LOCKED	Monday	NORTHERN	NONE	LARKIN ST / AUSTIN ST	-120.500000	90.000

图 6.11　df.sort_values() 输出结果

注：图中英文对应笔者在代码中或数据中指定的名字，实践中读者可将它们替换成自己需要的文字。

对于类别数据，需要关注数据的分布状况。

```
1 # 确认类别数据的分布
2 print(df.PdDistrict.value_counts()) # 每个类别的分布
3 print(df.PdDistrict.unique()) # 内容有几类
4 print(len(df[df.PdDistrict.notnull()])) # 有值的数据有多少笔
5 print(len(df[df.PdDistrict.isnull()])) # 遗失值有多少笔
6 print(df.PdDistrict.isnull().value_counts()) # 有值/遗失值的数据有多少笔
```

以下是输出结果。

```
SOUTHERN       157182
MISSION        119908
NORTHERN       105296
BAYVIEW         89431
CENTRAL         85460
TENDERLOIN      81809
INGLESIDE       78845
TARAVAL         65596
PARK            49313
RICHMOND        45209
Name: PdDistrict, dtype: int64
['NORTHERN' 'PARK' 'INGLESIDE' 'BAYVIEW' 'RICHMOND' 'CENTRAL' 'TARAVAL'
 'TENDERLOIN' 'MISSION' 'SOUTHERN']
878049
0
False    878049
Name: PdDistrict, dtype: int64
```

最后利用相关系数或交叉表的方式来观察数据特征间的关系，如图 6.12 和图 6.13 所示。

```
1 # 比较数据间的关系
2 df.corr()
3 pd.crosstab(df.PdDistrict, df.DayOfWeek)
```

	X	Y
X	1.000000	0.559338
Y	0.559338	1.000000

图 6.12　df.corr() 输出结果

DayOfWeek	Friday	Monday	Saturday	Sunday	Thursday	Tuesday	Wednesday
PdDistrict							
BAYVIEW	13681	12649	12440	11965	12406	12816	13474
CENTRAL	13397	11130	14067	12197	11633	11289	11747
INGLESIDE	11881	11282	10845	10346	11298	11546	11647
MISSION	18190	16587	17213	15874	17045	17282	17717
NORTHERN	16331	14300	15487	14271	15082	14568	15257
PARK	7610	6945	6913	6646	7047	6871	7281
RICHMOND	6850	6352	6434	6089	6494	6477	6513
SOUTHERN	24458	21184	23277	20810	22527	22013	22913
TARAVAL	10207	9257	9024	8331	9370	9605	9802
TENDERLOIN	11129	11898	11110	10178	12136	12498	12860

图 6.13　pd.crosstabl() 输出结果

注：图中英文对应笔者在代码中或数据中指定的名字，实践中读者可将它们替换成自己需要的文字。

第7章　数据清理与类型转换

近年来，数据预处理的技术变得非常受重视，主要原因是现在的数据源变得多元且复杂，所需要面临的问题也越来越多。数据预处理指的是取得数据后到分析模型运算前的这个阶段，目的在于将原始的数据转化为模型可存取的格式。数据预处理可以细分成“数据清理与类型转换”“数据探索与可视化”和“特征工程”3个部分。本章主要讨论“数据清理与类型转换”：7.1节先定义哪些是需要被处理的数据；7.2节介绍选取和筛选数据的几种方式；7.3节和7.4节讨论了缺失值该怎么处理；7.5节介绍数据类型及其转换。

本章主要涉及的知识点：

- 清理数据；
- 选取数据；
- 定义缺失值；
- 缺失值处理策略。

7.1 清理缺失或错误数据

数据清理与类型转换的目的是将原始数据中的缺失值或非数值转成适合模型的格式。这是一个非做不可的部分，因为缺失值或非数值会导致模型无法计算而失效。

7.1.1 可以学习的数据

数据化的方式有很多种。在进行数据化的过程中，还必须考虑机器可读性。

在做数据分析时，会用到许多不同的数据处理工具或方法，数据必须是机器可读的数据。一个问题是否能通过数据分析的方式来解决，与“数据搜集与记录”的方式有关，“给人看”的文件不等于“给机器看”“机器读得懂”的内容。

例如，对于公司里常见的报表或报告，我们会把图片、文字、表格等通通放在一个 .docx 或 .pdf 文件中，这是给人阅读的信息。报表中时常会有将两个数值放在同一个存储格里的情况。如果栏位中的数据包含星号注记，“总计”栏位或其他栏位彼此有一定的关系，甚至使用跨栏的编排等。这种形式的文件都不是“机器可读”的文件。

机器可读的数据必须具备更高度的结构化与可重复性，如 Excel、CSV 或数据库表格的文件和格式。在数据分析的问题中，除了考虑机器可读之外，也必须考虑模型可读。所谓模型可读指的是能够用数学中的向量或矩阵方式来描述问题。

可以学习（learniable）的数据指的是能够经由数学模型存取的数据格式，也就是数学上的向量或矩阵，同时也是机器可读的结构化数据。Python 程序通常以 DataFrame 来存放可以学习的数据。

7.1.2 从外部数据到程序

通常情况下，我们需要先用比较结构化的方式对数据进行整理。最典型的例子就是二维表格，其由行与列组成。行代表一笔一笔的数据，列代表一笔数据中不同的属性栏位。接下来，在读取程序时，通常会采用 Python 第三方函数库所提供的 DataFrame 类型来储存数据，能够兼具维持数据的表达性与模型的可读性。

DataFrame 可以弥补传统程序语言在处理对数学格式方面的不足。DataFrame 是一种更贴近数学矩阵的数据结构。然而，太偏向数学矩阵的格式可能会导致数据的可读性下降，所以 DataFrame 也依循了传统数据呈现的方式做最适合人类阅读的表格样式。

7.1.3 哪些是需要被处理的数据

在数据电子化的过程中，格式设计不当或人为的操作失误可能会破坏原本的信息，或导致部分记录遗漏。此外，为了让数学模型可以运算，筛选数据中不可以计算的非数值栏位也是在数据预处理阶段必须做的工作之一。总之，3种数据是在模型训练前须处理的：

（1）缺失值。

（2）不合法字符（乱码、特殊符号）。

（3）数据类型不一致或不可以计算的数值。

7.2 选取和筛选数据

在开始调整数据之前，先复习一下Python中的数据储存类型——DataFrame（数据框）。DataFrame是由第三方函数库Pandas基于NumPy的NdArray所建立的数据类型，具有NumPy的数学特性，更贴近外部数据原来的可读性。如果说NumPy NdArray是用来弥补Python在数学数据上的不足的，那么Pandas DataFrame就可以说是用来加强NdArray的数据可读性的。

数据清理可分为两步：一是选择要清理的数据，二是处理它们。本节主要基于汇入数据的DataFrame来处理数据。

7.2.1 DataFrame的基本操作

DataFrame的定义如下：

```
pandas.DataFrame( data, index=np.arange(n), column=np.arange(n), dtype, copy=False)
* data =>原始数据的形式,基本上任何类型都可以接受,如ndarray、series、lists、dict、constant 或 DataFrame。
* index =>列标签的值,预测的话会用顺序(数字)代表。
* column =>行标签的值,预测的话会用顺序(数字)代表。
* dtype =>用于数据类型,如果没有特别指定的话,将自动推断类型。
* copy =>如果data表示一个DataFrame,则新产生出来的DataFrame是否为副本。
```

DataFrame是一个高度弹性的数据类型，能够支持不同的形态直接转移。此外，DataFrame也能够快速地汇入外部数据，如表7.1所示。

表 7.1 Pandas DataFrame 支持的外部格式

数据类型	文件格式	读　取	输　出
文字 (text)	CSV	read_csv	to_csv
文字 (text)	JSON	read_json	to_json
文字 (text)	HTML	read_html	to_html
文字 (text)	Local Clipboard	read_clipboard	to_clipboard
二元 (binary)	MS Excel	read_excel	to_excel
二元 (binary)	HDF5 Format	read_hdf	to_hdf
二元 (binary)	Feather Format	read_feather	to_feather
二元 (binary)	Parquet Format	read_parquet	to_parquet
二元 (binary)	Msgpack	read_msgpack	to_msgpack
二元 (binary)	Stata	read_stata	to_stata
二元 (binary)	SAS	read_sas	
二元 (binary)	Python Pickle Format	read_pickle	to_pickle
数据库 (SQL)	SQL	read_sql	to_sql
数据库 (SQL)	Google Big Query	read_gbq	to_gbq

7.2.2 选取和筛选数据的方式

无论是要处理缺失值还是要处理非数值的数据，都必须要先选取出数据才能进行操作。 DataFrame 为了满足数据的弹性，在存取数据的方法上相对繁杂。以下简单整理出几种选取和筛选数据的方式。

- 利用栏位名称选取数据（选取单行 / 多行数据）。
- 利用列索引位置选取数据（选取单列 / 多列数据）。
- 用 loc、 iloc、 ix 选取数据。
- 用 iat、 at 选取数据。
- 根据条件筛选数据。

1. 利用栏位名称选取数据

利用栏位名称选取数据的方式类似于字典的数据选取，用栏位名称作为索引值。用一个中括号回传一个 Serice，如果改用两层中括号，会回传一个 DataFrame。

```
1    # 载入所需要的包
2    import pandas as pd
3    import numpy as np
```

```
4
5     # 定义一个由 dict 所转成的 DataFrame
6     d ={
7       'one' : pd.Series([1,2,3], index=['a', 'b', 'c']),
8       'two' : pd.Series([1,2,3,4], index=['a', 'b', 'c', 'd'])
9     }
10    df = pd.DataFrame(d)
11
12    print(df.one)# 包含 one 栏位的 Series
13    # a 1.0
14    # b 2.0
15    # c 3.0
16    # d NaN
17    # Name: one, dtype: float64
18
19    print(df['one'])# 包含 one 栏位的 Series
20    # a 1.0
21    # b 2.0
22    # c 3.0
23    # d NaN
24    # Name: one, dtype: float64
25
26    print(df[['one']])# 包含 one 栏位的 DataFrame
27    # one
28    # a 1.0
29    # b 2.0
30    # c 3.0
31    # d NaN
```

注意 选取特定栏位的序列有两种方法，建议采用 [ ] 的方式。

2. 利用列索引位置选取数据

利用列索引位置选取数据的方式类似于列表中的切片（Slice）取法，利用列索引切片的方式可以取到多笔数据。

```
1     # 载入所需要的库
2     import pandas as pd
3     import numpy as np
4
5     # 定义一个由 dict 所转成的 DataFrame
6     d ={
7         'one' : pd.Series(['1', '1', '1.0'], index=['a', 'b', 'c']),
8         'two' : pd.Series([1,2,3,4], index=['a', 'b', 'c', 'd'])
9     }
10    df = pd.DataFrame(d)
11
12    print(df[0:1]) # 包含第 0 到第 0 列数据的 DataFrame
13    # one two
14    # a 1 1
15
```

```
16      print(df[0:2])# 包含第 0 到第 1 列数据的 DataFrame
17      # one two
18      # a 1 1
19      # b 1 2
```

注意 **切片的用法是利用索引值取得数据。例如，df[0:1] 表示从 df 中取出索引值介于 0 到 1（不包含 1）的数据。dataframe 切片的用法与 list 切片的用法是一致的。**

3. 用 loc、iloc、ix 选取数据

以上两种方式都被限制使用一次，仅可以选取一个维度的数据，应用上不是很方便。因此，DataFrame 自定义了一种可以选取不同维度数据的方式，即用位置坐标的方式选取数据，具体分为 3 种方法。

（1）用 loc（location）选取数据。loc 用 [,] 来选取数据，逗号左边指定横向索引名称，逗号右边指定纵向的栏位名称。

```
1       # 载入所需要的库
2       import pandas as pd
3       import numpy as np
4
5       # 定义一个由 dict 所转成的 DataFrame
6       d ={
7           'one' : pd.Series(['1', '1', '1.0'], index=['a', 'b', 'c']),
8           'two' : pd.Series([1,2,3,4], index=['a', 'b', 'c', 'd'])
9       }
10      df = pd.DataFrame(d)
11
12      # 取出一个数据数值
13      print(df.loc['a', 'one']) # 数据
14      print(df.loc['a']['one']) # 数据
15
16      # 取出包含一个以 row 为底、包含 column 数据的向量
17      print(df.loc['a',['one']]) # 向量
18      print(df.loc['a',['one', 'two']]) # 向量
19      print(df.loc['a', 'one':'two']) # 向量
20      print(df.loc['a',:]) # 向量
21      print(df.loc['a']) # 向量
22
23      # 取出包含一个以 column 为底、包含 row 数据的向量
24      print(df.loc[['a'], 'one']) # 向量
25      print(df.loc[['a', 'b', 'c', 'd'], 'one']) # 向量
26      print(df.loc['a':'d', 'one']) # 向量
27      print(df.loc[:, 'one']) # 向量
28
29      # 取出一个子 DataFrame
30      print(df.loc[['a'],['one']]) # DataFrame
31      print(df.loc[['a'],:]) # DataFrame
32      print(df.loc[:,['one']]) # DataFrame
```

```
33      print(df.loc[:,:]) # DataFrame
```

范例分为以下几种：两个维度都设置一个条件，返回数值；一个维度设置一个条件，另一个维度设置多个条件，回传向量；两个维度都设置多个条件，返回一个DataFrame。

注意 **当两边的条件都为单一值时返回数值，其中一边为多值时返回 Series，两边都为多值时返回 DataFrame。**

（2）用iloc（index location）选取数据，类似于用loc来选取数据，逗号左边指定索引位置，逗号右边指定栏位位置。

```
1       # 载入所需要的包
2       import pandas as pd
3       import numpy as np
4
5       # 定义一个由 dict 所转成的 DataFrame
6       d ={
7           'one' : pd.Series(['1', '1', '1.0'], index=['a', 'b', 'c']),
8           'two' : pd.Series([1,2,3,4], index=['a', 'b', 'c', 'd'])
9       }
10      df = pd.DataFrame(d)
11
12      # 取出一个数据数值
13      print(df.iloc[0,0]) # 数据
14      print(df.iloc[0][0]) # 数据
15
16      # 取出包含一个以 row 为底、包含 column 数据的向量
17      print(df.iloc[0,[0]]) # 向量
18      print(df.iloc[0,[0,1]]) # 向量
19      print(df.iloc[0,0:2]) # 向量
20      print(df.iloc[0,:]) # 向量
21      print(df.iloc[0]) # 向量
22
23      # 取出包含一个以 column 为底、包含 row 数据的向量
24      print(df.iloc[[0],0]) # 向量
25      print(df.iloc[[0,1,2,3],0]) # 向量
26      print(df.iloc[0:4,0]) # 向量
27      print(df.iloc[:,0]) # 向量
28
29      # 取出一个子 DataFrame
30      print(df.iloc[[0],[0]]) # DataFrame
31      print(df.iloc[[0],:]) # DataFrame
32      print(df.iloc[:,[0]]) # DataFrame
33      print(df.iloc[:,:]) # DataFrame
```

注意 **用 iloc 选取数据与用 loc 选取数据的差别在于前者是用位置选取数据，后者是采用名称选取数据。**

（3）用 ix 选取数据的用法可以兼具用 loc 与 iloc 选取数据的用法，用户可以根据需求用位置或名称选取数据。

用 ix 选取数据是一种折中的方式，用户可以根据需求使用位置或名称选取数据。不过要注意的是，从 0.20.0 版本开始，程序输出界面会跳出一个警告提示 ix 即将失效（Deprecated），官方建议采用比较严格的 loc 或 iloc 取代 ix。

```
1	# 载入所需要的包
2	import pandas as pd
3	import numpy as np
4	
5	# 定义一个由 dict 所转成的 DataFrame
6	d ={
7	    'one' : pd.Series(['1', '1', '1.0'], index=['a', 'b', 'c']),
8	    'two' : pd.Series([1,2,3,4], index=['a', 'b', 'c', 'd'])
9	}
10	df = pd.DataFrame(d)
11	
12	# 以下操作可以根据需求使用位置或名称作为筛选条件
13	print(df.ix[0, 'one']) # 数据
14	print(df.ix['a'][0]) # 数据
15	
16	print(df.ix[0,['one']]) # 向量
17	print(df.ix[['a'],0]) # 向量
18	
19	print(df.ix[['a'],[0]]) # DataFrame
20	print(df.ix[[0],:]) # DataFrame
21	print(df.ix[:,['one']]) # DataFrame
22	print(df.ix[:,:]) # DataFrame
```

4. 用 iat、at 选取数据

如果仅要取得单一位置的数据值，则可以采用 iat、at 选取数据，两者的差别是 iat 用位置选取数据，at 用名称选取数据。

```
1	# 载入所需要的包
2	import pandas as pd
3	import numpy as np
4	
5	# 定义一个由 dict 所转成的 DataFrame
6	d ={
7	    'one' : pd.Series(['1', '1', '1.0'], index=['a', 'b', 'c']),
8	    'two' : pd.Series([1,2,3,4], index=['a', 'b', 'c', 'd'])
9	}
10	df = pd.DataFrame(d)
11	
12	print(df.at['a','one']) # Value
13	# '1'
14	
15	print(df.iat[0,0]) # Value
16	# '1'
```

5. 根据条件筛选数据

根据条件筛选数据的方法是先用比较运算或逻辑运算产生一个由布尔值所组成的 DataFrame，再将其当成索引值，根据条件做选择，这种方法又称为布尔掩码（Boolean Mask）。

```
1    # 载入所需要的包
2    import pandas as pd
3    import numpy as np
4
5    # 定义一个由 dict转成的 DataFrame
6    d ={
7        'one' : pd.Series(['1', '1', '1.0'], index=['a', 'b', 'c']),
8        'two' : pd.Series([1,2,3,4], index=['a', 'b', 'c', 'd'])
9    }
10   df = pd.DataFrame(d)
11
12   # 产生一个 df == '1' 的 Boolean DataFrame
13   print(df == '1')
14   # one two
15   # a True False
16   # b True False
17   # c False False
18   # d False False
19
20   # 利用 Boolean DataFrame 作为筛选条件
21   print(df[df == '1'])
22   # one two
23   # a 1 NaN
24   # b 1 NaN
25   # c NaN NaN
26   # d NaN NaN
27
28   # 产生一个 df.one == '1' 的 Boolean DataFrame
29   print(df[df.one == '1'])
30   # one two
31   # a 1 1
32   # b 1 2
33
34   # 利用 Boolean DataFrame 作为筛选条件
35   print(df.loc[df.one == '1'])
36   # one two
37   # a 1 1
38   # b 1 2
```

7.3　定义缺失值与查阅数据

学习了选取数据相关内容之后，再来看一下第一种需要被处理的数据——缺失值。本节将先定义缺失值的来源，再介绍查阅数据的方式。

7.3.1 定义缺失值

缺失值是指数据中有特定或者一个范围的值是不完全的，可能来自系统的缺失或者人为的缺失。系统缺失指的是由于机械故障，数据无法被完整保存；人为缺失来自于受访者拒绝透露部分信息或笔误。缺失值可以进一步细分为以下 3 种。

- 完全随机缺失值 (missing completely at random)；
- 随机缺失值 (missing at random)；
- 非随机遗漏 (not missing at random)。

在 Pandas 中，会用 np.nan 作为缺失值的类型。NaN 的全名是 Not a Number as Missing Value，意指不是一个数值行的数据。Pandas 在读取数据的时候，预设的 NaN 包含：

```
  na_values : scalar, str, list-like, or dict, default None
  > Additional strings to recognize as NA/NaN. If dict passed,specific per-column
NA values. By default the following values are interpreted as NaN: '', '#N/A',
'#N/AN/A', '#NA','-1.#IND', '-1.#QNAN', '-NaN', '-nan', '1.#IND', '1.#QNAN',
'N/A' , 'NA', 'NULL', 'NaN', 'n/a', 'nan', 'null'.
```

注意 **NaN 和 None 是不一样的。NaN 是由 NumPy 定义的非数值数据，None 是 Python 原生的空值数据（类似其他语言的 null 或 nil）。**

7.3.2 查阅栏位是否有缺失值

DataFrame 提供了一些函数，方便用户查阅数据中缺失值的状况。

```
1     # 使用 info()快速查阅缺失数据
2     df.info()
3
4     # 使用 isnull()和 any()/sum()快速查阅缺失数据
5     df.isnull()
6     df.isnull().any()
7     df.isnull().any().any()
8     df.isnull().sum()
9     df.isnull().sum().sum()
10
11    # 使用isnull(), notnull()取缺失/非缺失数据
12    df[df["___"].isnull()]
13    df[df["___"].notnull()]
14
15    # 计算缺失值个数
16    print(df["one"].isnull().value_counts())
17    print(df.isnull().sum()["one"])
```

注意 **any 与 all 函数是 NumPy 提供的工具函数，用于检查“至少存在一个成立”与“全部都符合”的条件。**

7.4　缺失值处理策略

查阅了缺失值之后，下面来看看有哪些函数是可以用来处理缺失值的，并利用这些函数演示几种常见的缺失值处理策略。

7.4.1　用内建函数处理缺失值

fillna() 和 dropna() 是 Pandas 中用来处理缺失值的两种方法。

- fillna()：根据输入值填补数据中的缺失值。

```
fillna(value=None, method=None, axis=None, inplace=False, limit=None,
downcast=None,
**kwargs)

* value: 需要填补的值
* method: 可以设置几种填补的规则,如向前、向后
* inplace: 是否要直接填补到 DataFrame 上,或制作一个副本
```

- dropna()：根据需求将包含缺失值的数据丢弃。

```
dropna(axis=0, how='any', thresh=None, subset=None, inplace=False)

* axis: 丢弃的维度
  - 0, or 'index' : Drop rows which contain missing values.
  - 1, or 'columns' : Drop columns which contain missing value.
* how : 丢弃的方式
  - 'any' : If any NA values are present, drop that row or column.
  - 'all' : If all values are NA, drop that row or column.
```

7.4.2　缺失值处理策略实例

以下示范几种常见的缺失值处理策略实例。

- 直接删除含有缺失值的数据或栏位（根据移除的影响程度）。
- 填补遗失值。
  - 常数（0/−1）或通用值（unknown）。
  - 利用统计值补值。
  - 条件式填补平均数 / 中位数 / 众数。
  - 利用统计方法（内差 / 回归）或机器学习（预测）进行补值。

1. 直接删除含有缺失值的数据或栏位（根据移除的影响程度）

当遗失的数据很大或过多，导致剩余的数据没有辨识度或无用时，用户会选择直接丢弃数据。

```
1    # 删除有缺失值栏位
2    df.dropna(axis=1)
3
4    # 删除有缺失值的列
5    df.dropna(axis=0)
6
7    # 列里所有栏位都是na才丢弃
8    df.dropna(how='all')
```

2. 常数（0/-1）或通用值（unknown）

常数（0/-1）或通用值（unknown）用于遗失的数据很多，但剩余的数据分布很平均的情况。这种时候，把遗失值当成哪一种数据都不合适，因此用户会选择将这种遗失值视为一种新的数据，通常取名为一个常数或通用值。

```
1    # 填通用值'unknown'
2    df['___'].fillna(0)
3
4    # 填通用值'unknown'
5    df['___'].fillna("unknown")
```

3. 利用统计值补值

在遗失数据不多的情况下，用户可以采用统计的方法补值。原则是连续数值补平均数，离散数值补中位数，类别补众数。也就是说，补一个尽量不要影响原始数据分布趋势的数值。

```
1    # 补平均数/中位数/众数
2    df['___'].fillna(df['___'].mean())
3    df['___'].fillna(df['___'].median())
4    df['___'].fillna(df['___'].mode())
```

4. 条件式填补平均数 / 中位数 / 众数

上面的做法是将整个栏位中的遗失值视为一样的做填补，其实并不精准。比较好的做法是，利用其他栏位做挑选，填补类似数据的统计值。具体的实现如下。

```
1    # 先选出特定条件的数据填补后,再指定回去
2    df['___'][df.___ ==条件]= df['___'][df.___ ==条件].fillna(df[df.___ ==条件]
['___'].mode())
3    df.loc[df.___ ==条件, '___']= df.loc[df.___ ==条件, '___'].fillna(df[df.___
==条件]['___'].mode ())
4
5    # 或用 groupby + transform 的方式处理
6    df['___'].fillna(df.groupby("___")["___"].transform("mode"), inplace=True) # O
```

注意 **多条件的 DataFrame 可能会有副本的数据出现，因此建议对 fillna 后的结果再进行一次赋值。**

5. 利用统计方法（内差 / 回归）或机器学习（预测）进行补值

最后一种方法是利用统计方法或机器学习的方法，将遗失值视为一个目标栏位，做回归或分类的操作来取得可能值。

```
1   # 统计方法(内差)
2   df['___'].interpolate()
3
4   # 机器学习(预测)
5   import numpy as np
6   from sklearn.impute import SimpleImputer
7
8   imp_mean = SimpleImputer(missing_values=np.nan, strategy='mean')
9   imp_mean.fit(df['___'])
10  df['___']= imp_mean.transform(df['___'])
```

7.5　数据类型及其转换

大部分数据是基于数学模型的。本节先介绍 DataFrame 所提供的数据类型，再说明数据类型间的转换。

7.5.1　数据类型

首先看一下 DataFrame 所提供的数据类型，如表 7.2 所示。其中 object 与 category 这两种类型是主要模型无法处理的部分，因此必须对其做适当的处理才可以。

表 7.2　Pandas DataFrame 格式

Pandas 类型	Python 类型	NumPy 类型	使　用
object	str	string_, unicode_	文本
int64	int	int_, int8, int16, int32, int64, uint8, uint16, uint32, uint64	整数
float64	float	float_, float16, float32, float64	浮点数字
bool	bool	bool_	真 / 假值
datetime64	NA	datetime64[ns]	日期和时间值
timedelta[ns]	NA	NA	两个日期时间之间的差异
category	NA	NA	有限的文本值列表

7.5.2　数据类型转换

常见的数据类型转换方式主要有以下几种。

- 数据类型彼此转换。

- 数字字符串转数值。
- 类别字符串转数值。

1. 数据类型彼此转换

第一种是数据类型彼此转换，通常应用于整数转小数、小数转整数等，或将比较大的数值转换成比较小的数值，如将 int64 转换成 int16 。

```
1    df.___.astype(type)
```

注意 **将比较大的数值转换成比较小的数值是一种压缩数据、节省空间的做法。**

2. 数字字符串转数值

Pandas 存取数据时，有可能将数字数据读成字符串数据，在这种情况下，用户也需要将数字字符串转成数值才可以。

```
1    # 选取特定类型数据栏位
2    # Ex:select columns of object type
3    target_df = df.select_dtypes(include=['object'])
4
5    # Object转数字
6    pd.to_numeric(target_df.___)
7    target_df.___.astype(int)
```

3. 类别字符串转数值

新手在做数据的特征工程时，会看到标签编码（label encoding）或独热编码（one hot encoding）两种对于类别行数据的编码方式，那么它们之间究竟有什么不同呢？如果原始数据是有序离散值，则采用 Label Encoding 进行转换；如果原始数据是无序离散值，则利用 One Hot Encoding (Dummies) 进行转换。

（1）标签编码。因为大部分的模型基于数学运算，所以字符串数据是无法运算的。因此，可以通过标签编码一一转换，如图 7.1 所示。

id	颜色
0	红色
1	绿色
2	蓝色
3	绿色

标签编码 →

id	颜色
0	1
1	2
2	3
3	2

图 7.1　标签编码

```
1    df = pd.DataFrame({'size':['XXL', 'XL', 'L', 'M', 'S']})
2
```

```
3     # Using Pandas
4     import pandas as pd
5     cat = pd.Categorical(df['size'], categories=df['size'].unique(),
            ordered=True))
6     df['size_code']= cat.codes
7
8     # Using sklearn
9     from sklearn import preprocessing
10    le = preprocessing.LabelEncoder()
11    le.fit(df['tw'])
12    le.transform(df['size'])
```

（2）独热编码。数学运算一般泛指用距离代表相似（几何观点），即用转换后的两个值的差距作为其相似程度。对于无序数据，利用标签编码转换数据会产生隐含距离意义的数据。因此，我们采用独热编码的方式，将数据根据数值转换成不同的维，如图 7.2 所示。

id	颜色
0	红色
1	绿色
2	蓝色
3	绿色

独热编码 →

id	红色	绿色	蓝色
0	1	0	0
1	0	1	0
2	0	0	1
3	0	1	0

图 7.2　独热编码

```
1     # Using Pandas
2     df = pd.DataFrame({'A':['a', 'b', 'a'], 'B':['b', 'a', 'c']})
3     pd.get_dummies(df)
4
5     # Using sklearn
6     enc = preprocessing.OneHotEncoder()
7     enc.fit([[0,0,3],[1,1,0],[0,2,1],[1,0,2]])
8     enc.transform([[0,1,3]]).toarray()
```

如果将性别栏位的男 / 女转换成 0、1，二元的没问题。如果将水果这个无序栏位中的苹果、香蕉、西瓜，转换成 0、1、2，就会隐含着“香蕉跟苹果”比“西瓜跟苹果”还要相似的意义，这样是错误的。如果将年龄这个有序栏位的老年、中年、少年转换成 0、1、2，就很恰当，但如果硬转成独热编码方式则反而体现不出这个差距关系。

注意　它们都是同样的动作，仅是不同的库而已。

第8章　数据探索与可视化

数据探索通过传统统计方法与可视化方法剖析数据让数据分析者能从不同角度观察数据。在进行复杂或严谨的分析之前，数据分析者须对数据有初步的认识，进而得到更深入与全面的数据特征信息。8.1 节介绍数据探索的定义、基本方法与目的，8.2 ～ 8.4 节分别详细地说明 3 种不同的数据探索方法，即统合性数据描述、利用描述统计认识数据和利用可视化图表探索，8.5 节用两个经典的例子展示数据探索的环节。

本章主要涉及的知识点：

- 数据探索的定义与目的；
- 使用程序实现统计的探索策略；
- 将数据有效地利用图表呈现。

8.1 数据探索概述

数据探索怎么开始？怎么进行？可以分为哪些方法？本节介绍数据探索的定义、基本方法及目的。

8.1.1 什么是数据探索

数据探索通常是指在数据清理后，开始对“干净”的数据进行探索的过程，旨在了解数据的属性与分布，发现数据的一些明显的规律。数据探索一方面有助于数据预处理；另一方面在进行特征工程时可以为开发者提供一些思路。

数据探索一般会以不同的数据操作方式解答分析者对数据困惑的地方，并通过不断循环“观察数据发现问题”“探索数据解答问题”两个动作来增加分析者对数据的知识量，且在进入训练模型阶段前，提供信息来决策所要用模型、合适的特征栏位，增强模型的稳定度与精准度。

对于“哪些是在做模型之前必须要做的部分”这个问题，很显然，探索与可视化这件事本身对于模型是没有价值的，其价值在于能够帮助分析者更进一步地认识数据，有助于其进一步对数据做调整，间接达到让最终分析效果得到提升的目的。不过在实现上有另一种观点，认为这样做可能会介入人为的主观判断，导致数据被污染或被干预。在拿到数据之后，最好进行数据探索。

8.1.2 身为数据分析者的敏锐

进行数据探索，数据分析者应具有一定的敏锐度。当面对一份数据的时候，数据分析者通常会先检视下列几个关于数据的问题。

- 数据的统计值是多少？分布的情况大概如何？
- 数据是否有离群值 / 异常值（outlier）？
- 数据的重要特征是什么？
- 特征间是否有关联 / 重复？

这几个问题可以反映出数据的某些性质。通过解答这些问题，数据分析者可以快速认识数据。

8.1.3 常见的数据探索方法

常见的数据探索方法有 3 种。

第一种方法是一般化（Generalize），通过对数据总体性（如数据的形状、范围等特性）的检视，快速了解数据的样态，与“定义问题与观察数据”的方法类似，不过效果有限，且无法看出太深入的数据分布。

第二种方法是描述性统计（Descriptive Statistics），这是一种量化数据的方法，利用描述统计来量化数据，试图了解变量与变量间的关系。

第三种方法是可视化探索（Exploratory Visualization），利用视觉与图表的方式了解数据的特性，是相对直观的方法，不过无法呈现太复杂的数据维度。

量化与可视化是截然不同的两种数据探索方式，但是其实它们既相似又不同，其实是一体两面的做法。有些对数字比较敏感的人可能喜欢用量化的方式，对图表理解能力比较强的人会习惯用可视化的方式。

8.1.4 进行数据探索的目的

本章预期能够初步通过可视化 / 统计工具进行分析，达到以下主要目的。

- 了解数据，获取数据所包含的信息、结构和特点。
- 发现异常数值，检查数据是否有误。
- 分析各变量间的关联性，找出重要的变量。
- 在模型建立之前，先发现潜在的错误。

8.2 统合性数据描述

第一种数据探索方法是采用一般化的分析方式，检视数据的总体性。这里主要搭配 Pandas 模块来操作。

首先我们来看一下，哪些方法是可以派得上用场的。

```
1    df.shape # 显示 df 的大小形状
2    df.head() # 显示 df 的前 n 笔数据
3    df.tail() # 显示 df 的后 n 笔数据
4    df.index # 显示 df 的索引值
5    df.columns # 显示 df 的栏位值
6    df.dtypes # 显示 df 每一个栏位的数据类型
7    df.count() # 显示 df 每一栏的数据笔数(不含空值)
8    df['_____'].count() # 显示 df 特定栏的数据笔数(不含空值)
9    df['_____'].value_counts() # 显示 df 特定栏的每一种值数据笔数
10   df['_____'].unique() # 显示 df 特定栏有几种可能值
11   df.describe() # df 的数据描述
12   df['_____'].describe() # df 特定栏的数据描述
13   df.info() # df 的数据信息
```

接着来看一个范例，检索一下给定的 DataFrame 相关的属性。

```
1    import pandas as pd
2    d = {'col1': [1, 2, 3], 'col2': [4, 5, 6]}
3    df = pd.DataFrame(data=d)
4
5    # col1 col2
6    # 0 1 4
7    # 1 2 5
8    # 2 3 6
```

我们可以运用常见的方法来看数据。

```
1     df.index # 0 1 2 => [0, 1, 2]
2     df.columns # col1 col2 => ['col1', 'col2']
3     df.values # [[1 2 3][4 5 6]] => [[1, 4],[2, 5],[3, 6]]
4     list(df) # [[1 2 3][4 5 6]] => ['col1', 'col2']
5     type(df) # dataframe => pandas.core.frame.DataFrame
6     df.dtypes # dtype('int64')
7
8     df.col1.index # 0 => [0, 1, 2]
9     df.col1.values # [1 2 3] => array([1, 2, 3])
10    list(df.col1) # [1 2 3] => [1, 2, 3]
11    type(df.col1) # series => pandas.core.series.Series
12    df.col1.dtype # dtype('int64')
```

这么做之后可以快速得到数据的大小、有多少栏位等信息，但是对于数据中的"数据"还是有一定的局限性，因此描述统合性数据是很受限的。

8.3 利用描述统计认识数据

第二种数据探索方法是运用统计学上的描述性统计方法来处理数据，运用量化的方式，从数值上来观察数据的趋势与关系。

8.3.1 描述统计

通过统计描述数据的现象，并通过图表形式对所收集的数据进行加工处理和显示，进而通过综合概括与分析得出反映客观现象的规律性数据特征。描述统计相对于推论统计完全不做推论，只纯粹总结数据的特性。常见的统计分析方法有以下几种。

- （叙述）统计量分析（Statistical Analysis）。
- 相关性分析（Correlation Analysis）。
- 数据聚合（Grouping、Aggregation、Transform）。
- 数据透视表（Pivot Table）与交叉统计表（Cross Table）。

8.3.2 统计量分析

最基本的描述统计即统计量分析，这也是观察数据的基本策略。每个人对下列统计名词多少有点儿印象。

- 最大值、最小值和总和。
- 众数、平均数和中位数。
- 变异数、标准差、斜方差和分位数。

```
1     df.describe(include=['object']) # 类别数据的数据描述
2     df.describe(include=['number']) # 数字数据的数据描述
3
4     df.min() # min 计算最小值
5     df.max() # max 计算最大值
6     df.sum() # sum 值的总和
7
8     df.mean() # mean 平均数
9     df.median() # median 中位数
10    df.mode() # median 众数
11
12    df.var() # var 样本值的方差
13    df.std() # std 样本值的标准差
14    d1.quantile(0.1) #10% 分位数
```

上面把这些统计指标分成 3 种类型，它们之间有什么差别呢？最大值、最小值和总和，主要用于观察数据数值范围。众数、平均数和中位数这一组以数据中心点为基准，用于观察数据的集中趋势。变异数、标准差、斜方差和分位数则用于反映数据的分布，通常可以代表数据的分散趋势。

众数、平均数和中位数这 3 个数据代表的是数据的集中趋势，而它们之间也有一些微妙的差异，如图 8.1 所示。

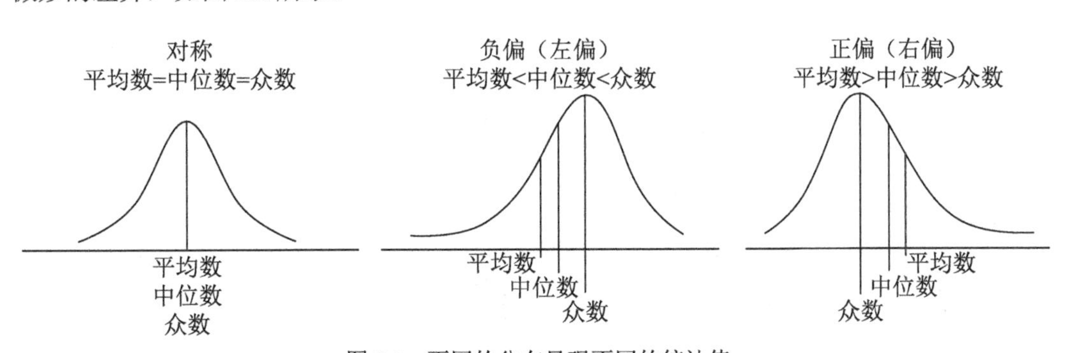

图 8.1 不同的分布呈现不同的统计值

变异数、标准差、斜方差和分位数代表的是数据的分散关系，如图 8.2 所示。

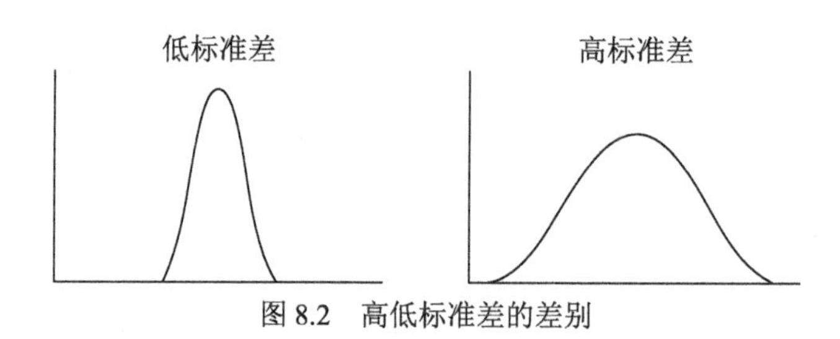

图 8.2　高低标准差的差别

8.3.3　相关性分析

除了统计量之外，相关性分析也是常见的统计方法。其中，最常用的是皮尔森相关系数（Pearson Correlation），可以用来计算两个连续数列的相关趋势是一致、相反还是无关。而在 Pandas 中，除了皮尔森相关系数，还提供另外两种相关性的算法：斯皮尔曼相关系数（Spearman Correlation），用于衡量离散有序特征的相关程度；肯德尔相关系数（Kendall Correlation），也是一种秩（Rank）相关系数，不过它所计算的对象是离散特征。因此，并非连续数列才有相关性的趋势，分类 / 离散数据也有适合的相关性算法。

```
1    df.corr()
2    df.corr()['_____']
3    df['_____'].corr(df['_____'])
4
5    df.corr(method='pearson')
6    # method : {'pearson', 'kendall', 'spearman'}
7    # - pearson : standard correlation coefficient
8    # - kendall : Kendall Tau correlation coefficient
9    # - spearman : Spearman rank correlation
```

接着来看一个范例，找出下列数据的相关系数。

```
1     import numpy asnp
2     import pandas as pd
3
4     df = pd.DataFrame({
5         'A':np.random.randint(1, 100, 10),
6         'B':np.random.randint(1, 100, 10),
7         'C':np.random.randint(1, 100, 10)
8     })
9
10    df.corr() # pearson 相关系数
11    df.corr('kendall') # Kendall Tau 相关系数
12    df.corr('spearman') # spearman 秩相关
```

这里有一个重要的观念，也是许多入门者易犯的错误与盲点：相关不代表因果（correlation is not causation）。解读相关系数时，必须多方考虑，相关性高的原因可能是什么，不能贸然地用因果关系来解释。举个例子，如果 X 变量与 Y 变量高度正相关，则其可能代表下列关系。

- X 导致 Y，Y 导致 X，X、Y 互为因果。
- X、Y 根本无关，只是巧合。例如，一个地区的手机销售量与律师人数。
- Z 变量导致 X 与 Y 变高，X、Y 并无直接的关系。例如，高 GDP 同时导致高平均寿命与高基础网络频宽，但平均寿命与基础网络频宽并没有因果关系。

8.3.4 数据聚合

除了对数据做统计外，我们有时也需要对数据进行进一步的转换，变成我们分析数据时所需要或更方便的格式，这一步被称为数据聚合，主要可以分为 3 个动作，如图 8.3 所示。

- Grouping：将数据拆分成组。
- Aggregation：为每个组操作整合一个值。
- Transform：将结果转换为对应回分组前的数据。

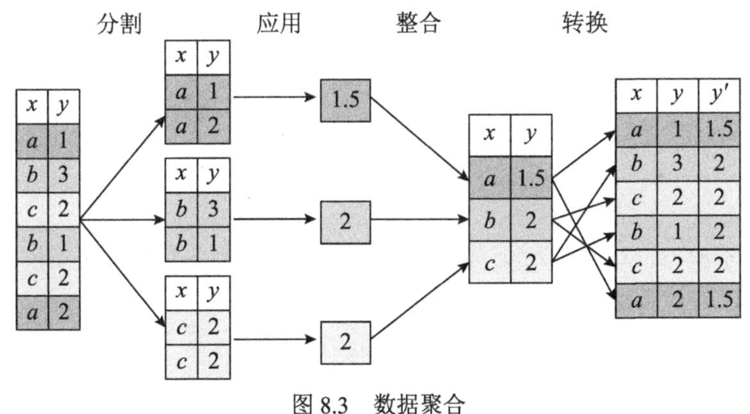

图 8.3 数据聚合

实例方法主要是先做分组。

```
1      df.groupby('栏位') # 单层分组
2      df.groupby(['栏位一', '栏位二']) # 多层分组
3      len(df.groupby('栏位')) # 分组数
4      df.groupby('栏位').get_group('数值') # 取得分组后的特定组别
5
6      # 每一个组别回传组别名称与内容
7      for name, group in df.groupby('栏位'):
8          print (name)
9          print (group)
```

再根据需求做聚合（Aggregation）运算或转换（Transform）运算：

```
1	df.groupby('栏位').agg(np.mean)
2	df.groupby('栏位').agg([np.sum, np.mean, np.std])
3	df.groupby('栏位').transform(np.mean)
4	df.groupby('栏位').transform(np.sum, np.mean, np.std)
```

也可以利用预设运算或自订运算。

```
1	df.groupby('栏位').size()
2	df.groupby('栏位').agg(lambda d: len(d))
3	df.groupby('栏位').transform(lambda d: len(d))
```

接着来看数据聚合的具体范例，先准备一个名为 ipl_data 的 DataFrame（其实是 NBA 的排名与得分数据）。

```
1	import pandas as pd
2	
3	ipl_data = {
4	    'Team': ['Riders', 'Riders', 'Devils', 'Devils', 'Kings',
5	    'kings', 'Kings', 'Kings', 'Riders', 'Royals', 'Royals', 'Riders'],
6	    'Rank': [1, 2, 2, 3, 3,4 ,1 ,1,2 , 4,1,2],
7	    'Year': [2014,2015,2014,2015,2014,2015,2016,2017,2016,2014,2015,2017],
8	    'Points':[876,789,863,673,741,812,756,788,694,701,804,690]
9	}
10	
11	df = pd.DataFrame(ipl_data)
12	# Points Rank Team Year
13	# 0 876 1 Riders 2014
14	# 1 789 2 Riders 2015
15	# 2 863 2 Devils 2014
16	# 3 673 3 Devils 2015
17	# 4 741 3 Kings 2014
```

用户可能会好奇，依照年度来分组计算的内容可能是什么？例如，想看每年的平均得分数，就可以利用数据聚合的方法。

```
1	df.groupby('Year').get_group(2014)
2	df.groupby('Year').agg(np.mean)
3	df.groupby('Year').agg([np.sum, np.mean, np.std])
4	df.groupby('Year').transform(np.mean)
```

8.3.5 数据透视表与交叉统计表

使用过 Excel 或 Number 等试算表软件的人一定不陌生，数据透视表与交叉统计表是一种将数据重新配置的方法。下面直接用例子来示范。

```
1	import pandas as pd
2	
3	ipl_data = {
4	    'Team': ['Riders', 'Riders', 'Devils', 'Devils', 'Kings',
5	    'kings', 'Kings', 'Kings', 'Riders', 'Royals', 'Royals', 'Riders'],
```

```
6          'Rank': [1, 2, 2, 3, 3,4 ,1 ,1,2 , 4,1,2],
7          'Year': [2014,2015,2014,2015,2014,2015,2016,2017,2016,2014,2015,2017],
8          'Points':[876,789,863,673,741,812,756,788,694,701,804,690]
9      }
10
11     df = pd.DataFrame(ipl_data)
12     # Points Rank Team Year
13     # 0 876 1 Riders 2014
14     # 1 789 2 Riders 2015
15     # 2 863 2 Devils 2014
16     # 3 673 3 Devils 2015
17     # 4 741 3 Kings 2014
```

对于上面这个数据而言，如果想要得到不同年份、不同队伍的得分记录，可能需要对其进行复杂的聚合操作。此时数据透视表就可以派上用场，能够快速地转置出用户想要的结果。例如下面的示例，设置 index 与 columns，就会找出对应的 values。

```
1     pd.pivot_table(df, values='Points', index=['Year'], columns=['Team'])
2     # Team Devils Kings Riders Royals kings
3     # Year
4     # 2014 863.0 741.0 876.0 701.0 NaN
5     # 2015 673.0 NaN 789.0 804.0 812.0
6     # 2016 NaN 756.0 694.0 NaN NaN
7     # 2017 NaN 788.0 690.0 NaN NaN
```

注意 **使用数据透视表的套路是先想最终想要的结果，再利用结果反推过程。**

在聚合的过程中，可以利用 aggfunc 指定合并数据的方法，这里输入是一个函数，预设是 len()。

```
1     pd.pivot_table(df, values='Points', index=['Year'], columns=['Team'],
aggfunc=len)
2     # Team Devils Kings Riders Royals kings
3     # Year
4     # 2014 1.0 1.0 1.0 1.0 NaN
5     # 2015 1.0 NaN 1.0 1.0 1.0
6     # 2016 NaN 1.0 1.0 NaN NaN
7     # 2017 NaN 1.0 1.0 NaN NaN
```

当聚合的方法是数、数据长度时，可以采用交叉统计表。

```
1     pd.crosstab(df.Year, df.Team)
2     # Team Devils Kings Riders Royals kings
3     # Year
4     # 2014 1 1 1 1 0
5     # 2015 1 0 1 1 1
6     # 2016 0 1 1 0 0
7     # 2017 0 1 1 0 0
```

数据透视表与交叉统计表的定义与用法区别如下。

- 数据透视表：创建一个电子表格样式的数据透视表作为 DataFrame。数据透视表中的级别将存储在 DataFrame 的索引和列上的 MultiIndex 对象（层次索引）中。
- 交叉统计表：计算两个（或更多）因子的简单交叉列表。默认情况下，计算因子的频率表，除非传递的是值数组和聚合函数。

8.4 利用可视化图表探索数据

除了统合性数据描述与量化的描述统计外，另一种常见的数据探索方法是可视化图表。可视化图表是一种利用图像方式来呈现数据的手法，容易呈现低维度的数据样态。

8.4.1 数据可视化与探索图

数据可视化是指用图形或表格的方式来呈现数据。图表能够清楚地呈现数据性质，以及数据间或属性间的关系，可以轻易地让人看图释义。用户通过探索图（Exploratory Graph）可以了解数据的特性、寻找数据的趋势、降低数据的理解门槛。

8.4.2 常见的图表实例

本章主要采用 Pandas 的方式来画图，而不是使用 Matplotlib 模块。其实 Pandas 已经把 Matplotlib 的画图方法整合到 DataFrame 中，因此在实际应用中，用户不需要直接引用 Matplotlib 也可以完成画图的工作。

1. 折线图

折线图（line chart）是最基本的图表，可以用来呈现不同栏位连续数据之间的关系。绘制折线图使用的是 plot.line() 的方法，可以设置颜色、形状等参数。在使用上，拆线图绘制方法完全继承了 Matplotlib 的用法，所以程序最后也必须调用 plt.show() 产生图，如图 8.4 所示。

```
1    df_iris[['sepal length (cm)']].plot.line()
2    plt.show()
3
4    ax = df[['sepal length (cm)']].plot.line(color='green',title="Demo",style='--')
5    ax.set(xlabel="index", ylabel="length")
6    plt.show()
```

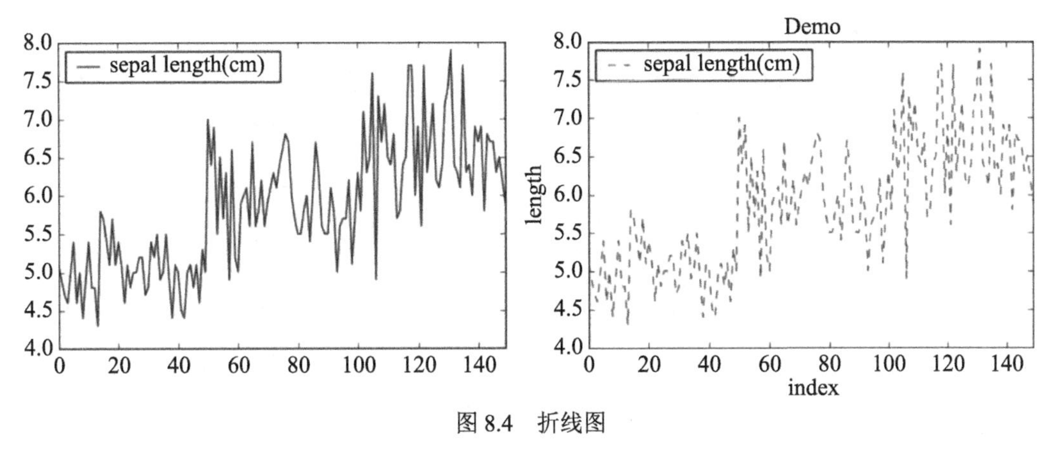

图 8.4　折线图

注：图中英文对应笔者在代码中或数据中指定的名字，实践中读者可将它们替换成自己需要的文字。

2. 散布图

散布图（Scatter Chart）用于检视不同栏位离散数据之间的关系。绘制散布图使用的是 df.plot.scatter()，如图 8.5 所示。

```
1      df = df_iris
2      df.plot.scatter(x='sepal length (cm)', y='sepal width (cm)')
3
4      from matplotlib import cm
5      cmap = cm.get_cmap('Spectral')
6      df.plot.scatter(x='sepal length (cm)',
7                      y='sepal width (cm)',
8                      s=df[['petal length (cm)']]*20,
9                      c=df['target'],
10                     cmap=cmap,
11                     title='different circle size by petal length (cm)')
```

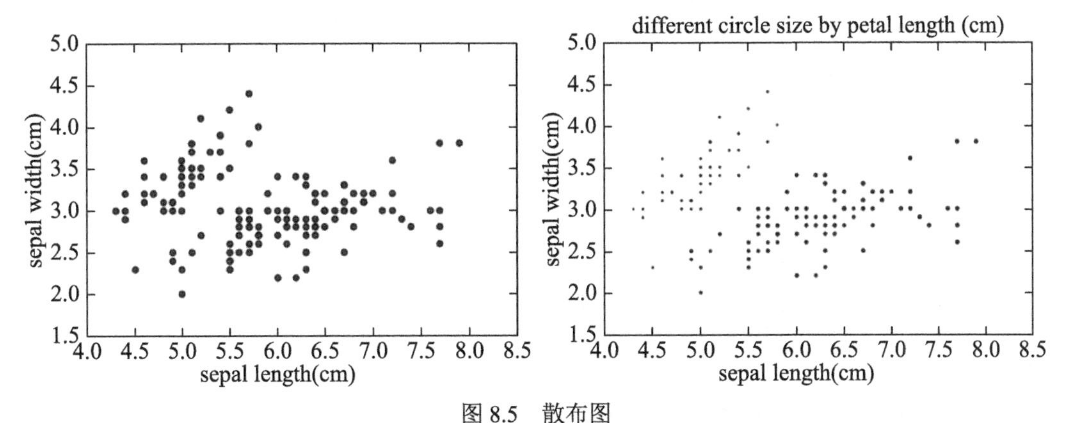

图 8.5　散布图

注：图中英文对应笔者在代码中或数据中指定的名字，实践中读者可将它们替换成自己需要的文字。

3. 直方图、长条图

直方图（Histogram Chart）通常用于同一栏位，呈现连续数据的分布状况，与直方图类似的另一种图是长条图（Bar Chart），用于检视同一栏位，如图 8.6 所示。

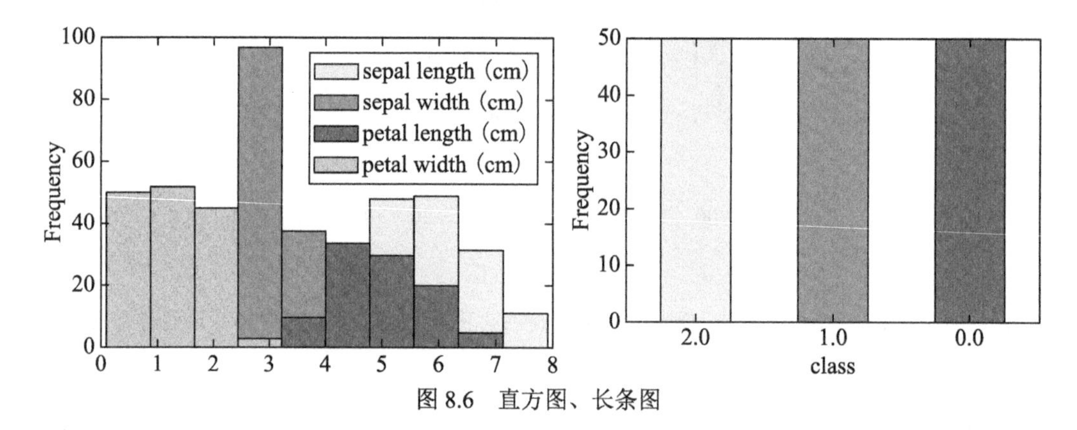

图 8.6　直方图、长条图

```
1      df[['sepal length (cm)', 'sepal width (cm)', 'petal length (cm)','petal
width (cm)']].plot.hist()
2      df.target.value_counts().plot.bar()
```

4. 圆饼图、箱形图

圆饼图（Pie Chart）可以用于检视同一栏位各类别所占的比例，而箱形图（Box Chart）则用于检视同一栏位或比较不同栏位数据的分布差异，如图 8.7 所示。

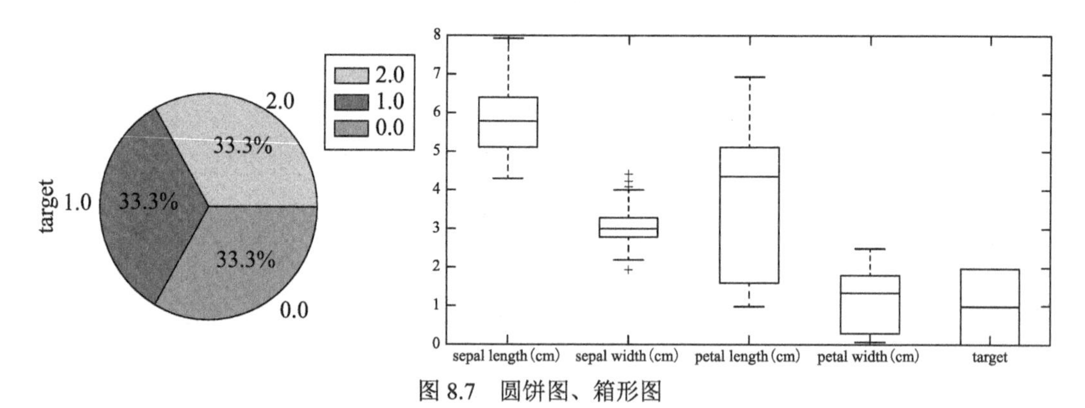

图 8.7　圆饼图、箱形图

注：图中英文对应笔者在代码中或数据中指定的名字，实践中读者可将它们替换成自己需要的文字。

```
1      df.target.value_counts().plot.pie(legend=True)
2
3      df.boxplot(column=['target'],figsize=(10,5))
```

8.5 数据探索实战分享

本节利用两个真实的数据集实际展示数据探索的几种手法。

8.5.1 2013年美国社区调查

在美国社区调查（American Community Survey）中，每年约有350万个家庭被问到关于他们是谁及他们如何生活的详细问题。调查的内容涵盖了许多主题，包括祖先、教育、工作、交通、互联网使用和居住。

- *数据来源*：https://www.kaggle.com/census/2013-american-community-survey。
- *数据名称*：2013 American Community Survey。

先观察数据的样子与特性，以及每个栏位代表的意义、种类和范围。

```
1    # 读取数据
2    df = pd.read_csv("./ss13husa.csv")
3
4    # 栏位种类数量
5    df.shape
6    # (756065,231)
7
8    # 栏位数值范围
9    df.describe()
```

先将两个ss13pusa.csv串连起来，这份数据总共包含30万笔数据，3个栏位：SCHL(学历，School Level)、PINCP(收入，Income)和ESR(工作状态，Work Status)。

```
1    pusa = pd.read_csv("ss13pusa.csv")
2    pusb = pd.read_csv("ss13pusb.csv")
3
4    # 串接两份数据
5    col = ['SCHL','PINCP','ESR']
6    df['ac_survey'] = pd.concat([pusa[col],pusb[col],axis=0)
```

依据学历对数据进行分群，观察不同学历的数量比例，接着计算他们的平均收入。

```
1    group = df['ac_survey'].groupby(by=['SCHL'])
2    print('学历分布:' + group.size())
3    group = ac_survey.groupby(by=['SCHL'])
4    print('平均收入:' +group.mean())
```

8.5.2 波士顿房屋数据集

波士顿房屋数据集（Boston House Price Dataset）包含有关波士顿地区的房屋信息，包506个数据样本和13个特征维度。

- **数据来源**：https://archive.ics.uci.edu/ml/machine-learning-databases/housing/。
- **数据名称**：Boston House Price Dataset。

先观察数据的样子与特性，以及每个栏位代表的意义、种类和范围。

```
1    df = pd.read_csv("./housing.data")
2
3    # 栏位种类数量
4    df.shape
5    # (506, 14)
6
7    #栏位数值范围
8    df.describe()
```

可以用直方图的方式画出房价（MEDV）的分布，如图 8.8 所示。

```
1    import matplotlib.pyplot as plt
2    df[['MEDV']].plot.hist()
3    plt.show()
```

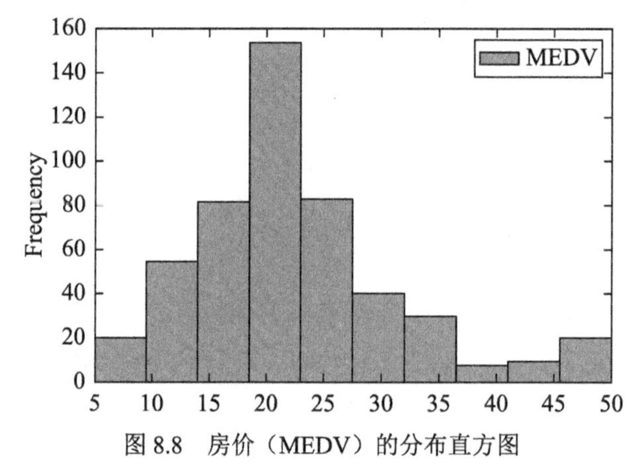

图 8.8　房价（MEDV）的分布直方图

注：图中英文对应笔者在代码中或数据中指定的名字，实践中读者可将它们替换成自己需要的文字。

接下来需要知道的是哪些维度与“房价”关系明显。先用散布图的方式来观察，如图 8.9 所示。

```
1    # draw scatter chart
2    df.plot.scatter(x='MEDV', y='RM')
3    plt.show()
```

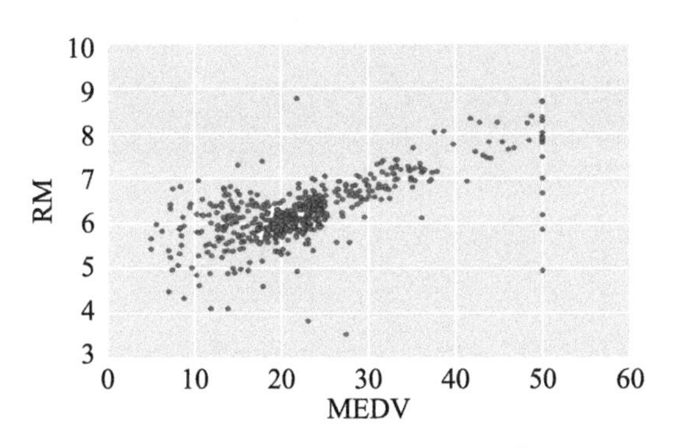

图 8.9 房价（MEDV）的分布散布图

最后，计算相关系数并用聚类热图（Heatmap）来进行视觉呈现，如图 8.10 所示。

```
1      # compute pearson correlation
2      corr = df.corr()
3
4      # draw heatmap
5      import seaborn as sns
6      corr = df.corr()
7      sns.heatmap(corr)
8      plt.show()
```

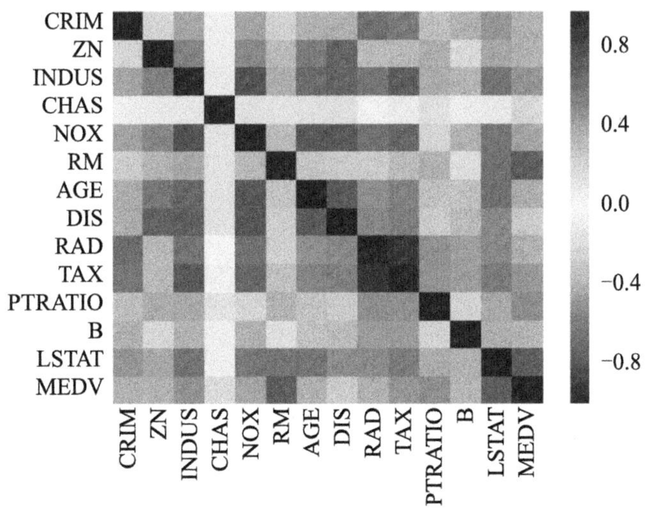

图 8.10 房价（MEDV）的聚类热图

颜色为红色，表示正向关系；颜色为蓝色，表示负向关系；颜色为白色，表示没有关系。RM 与房价关联度偏向红色，为正向关系；LSTAT、PTRATIO 与房价关联度偏向深蓝，为负向关系；CRIM、RAD、AGE 与房价关联度偏向白色，为没有关系。

第 9 章　特征工程

本章进入数据分析的最后一个环节——特征工程。特征工程的目标在于提升数据的可学习性，让数据能够展现更好的判别性，有助于分析者更好地理解与学习模型。本章主要利用数据特征的性质，着重于如何有效地加强数据可分性、削弱异常值，达到提升模型精准度的目标。9.1 节介绍特征工程的基本知识，9.2 节介绍处理异常值的方法，9.3 ~ 9.5 节基于特征本身做维度上的调整与操作，9.6 节和 9.7 节说明如何挑选出有效的特征。

本章主要涉及的知识点：

- 特征工程；
- 异常值处理；
- 特征缩放与数据转换；
- 特征选择与降维。

9.1 特征工程概述

特征工程是什么？为什么要做特征工程？如何做特征工程？本节将介绍特征工程的相关内容。

9.1.1 特征工程是什么

特征工程是一种将原始数据转变成特征的过程，如何挑选特征有许多不同的组合方式。时间点是在数据清理之后、模型训练之前，有些人会把特征工程和数据清理归类到数据预处理。如何提取出有效描述这些数据的特征并且能够强化特征的特性与数据的可分性，就是特征工程的工作。更进一步地说，从数据中挑选出特征，考量的是未知数据用于模型的表现性，如图 9.1 所示。

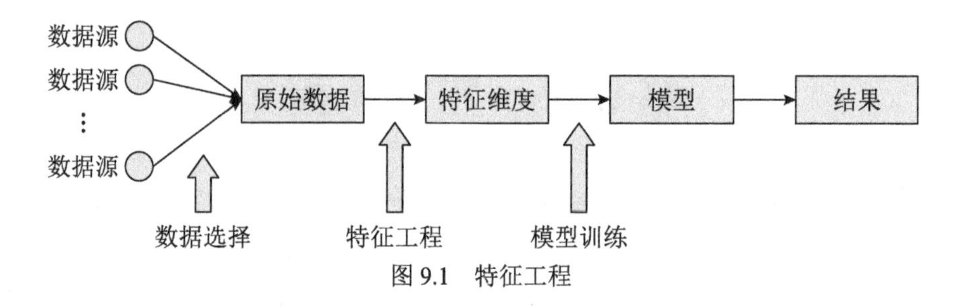

图 9.1　特征工程

9.1.2 为什么要做特征工程

一般来说，数据分析或机器学习项目优化有两个角度：更厉害的模型和更好用的数据。所谓的特征工程就是从“更好用的数据”来思考的。“更厉害的模型”采用更复杂的模型或组合式的模型，如集成模型、深度学习模型等来作为优化。

如果“更厉害的模型”和“更好用的数据”同时使用，是不是就能达到最佳的效果？答案是不一定的。实际做法通常是采用“更厉害的模型 + 原始的数据”或“更好用的数据 + 简单的模型”的搭配方式。

在数据本身干净可分的情况下，只要收集到正确的特征，就算简单的模型也能够做出很好的效果。如果数据就是没有关键特征或数据量不足，那么再厉害的模型都无能为力。有一句经典的名言是这样说的：数据和特征决定了机器学习的上限，而模型和算法只能逼近这个上限而已。但是也要小心设计出一些低级错误，如有些数据仅需要用基本的条件片段即可观察。不需要利用太复杂的特征工程，最终还是要参考数据的特性。

9.1.3 如何做特征工程

特征工程的时机点介于数据清理后到模型训练之前，这是一个非必要的过程。它是一个优化的方式，目的是让模型可以更好地读懂数据。特征工程大概可以分成以下几种方式。

- 异常值处理（Outlier Detection）。
- 特征转换（Feature Transformation）。
- 特征缩放（Feature Scaling）。
- 特征操作（Feature Representation）。
- 特征选择（Feature Selection）。
- 特征萃取（Feature Extraction）。

特征工程没有一定的标准操作程序（Standard Operating Procedures，SOP），分析者仅能从经验或数据分布上判断可能适合用什么方法。分析者一般会用实验或尝试的方式进行特征工程，把常见的手法都尝试过后进行观察比较。在实际应用中，常常有很多有技巧性的特征工程手法。

9.2 异常值处理

异常值又称离群值，是指那些相比于一般数据有异常的数据，所谓异常指的是出现概率极低或不在正常的分布中。一般会认定异常值不属于正常情况下会出现的数据，可能是收集时产生的错误或是由不可控因素所造成的意外产生的。为了避免异常值影响了模型的训练，造成模型的偏误，必须对异常数据做些调整以降低影响。

9.2.1 异常值检查

异常值的定义是从“出现”和“分布”来看的，因此分析者在做检查时，直觉上会想要利用统计来观察。两种主要的基本检查方式为视觉图表与描述统计。针对单一特征，可以使用箱形图；针对两两特征，则可以使用散布图。对于描述统计的方式，可以利用值域或分位数的方式做判断。就像在做问卷统计的时候，通常都会将前后 10% 的数据当成异常值拿掉，其实就是类似的概念。

如图 9.2 所示，可以利用箱形图或散布图看出数据当中的数据分布，因此可以快速找到离群值。

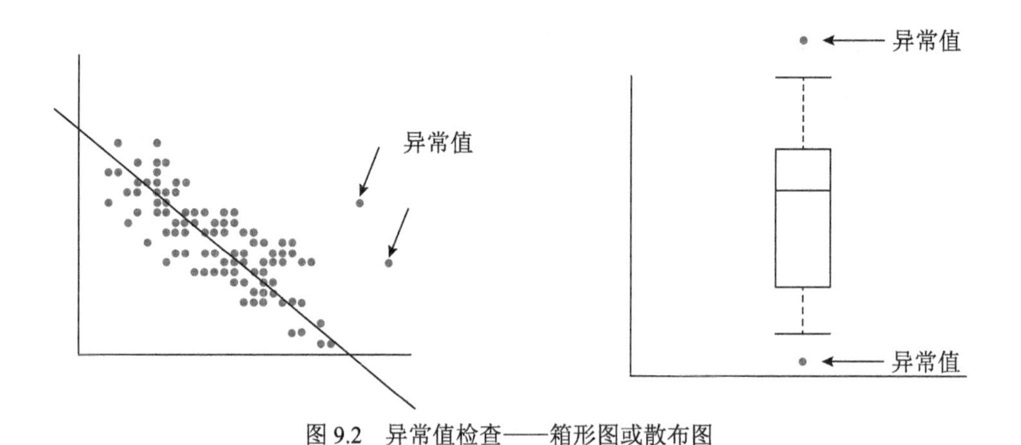

图 9.2　异常值检查——箱形图或散布图

也可以用分位数的做法或分布图筛选出异常的数据，如图 9.3 所示。

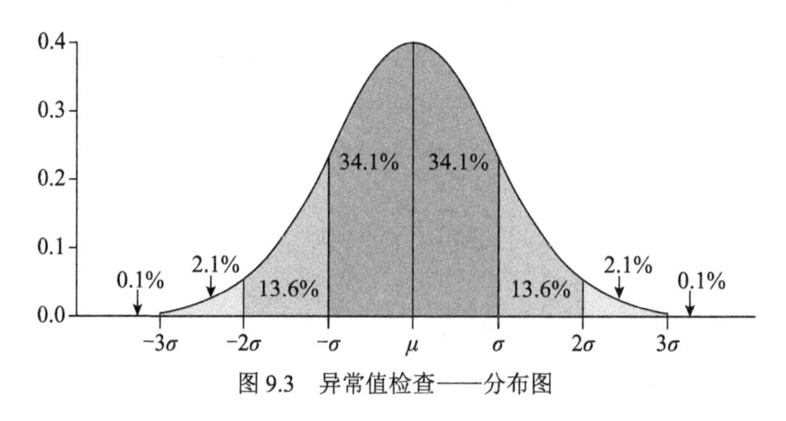

图 9.3　异常值检查——分布图

另一种比较进阶的异常值检查方法是分群法（Cluster），用于特征多且复杂不易观察的情况。分群是一种非监督式的模型，利用数据间的相似性来做分组。在分群中，利用维度计算距离，距离代表数据的相似程度。因此，将分群用于异常值检查的概念是找出那些不属于任何一群的数据，表示它们可能不与任何一组数据相似，如图 9.4 所示。

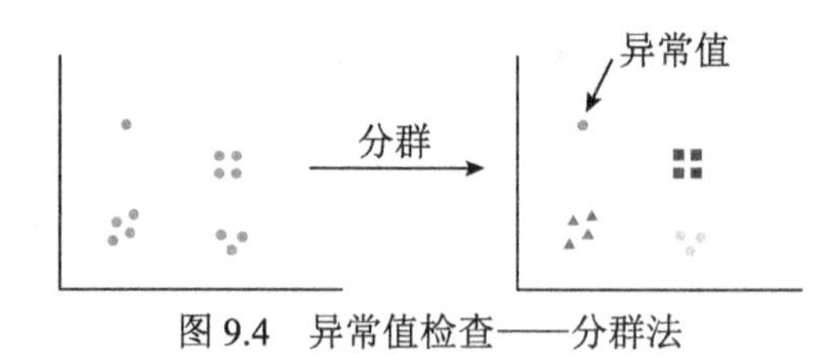

图 9.4　异常值检查——分群法

9.2.2　处置异常值的方式

异常值的处理方式与遗失值的处理方式类似。视异常值的影响程度，可以直接删除或以非离群值的统计值替代（通常是最大值或最小值）。

表 9.1　处置离群值

异常值处理方法	怎　么　做
直接删除	直接将异常值的数据删除
视为缺失值	将异常数据当成缺失数据，用缺失值处理方法
利用统计值修正	利用前后两笔数据的统计值（平均值）取代
不处理	维持原始异常的数据

是否要处理异常值，可以依据数据的鲁棒性（Robustness）。鲁棒性是指受异常值影响程度。鲁棒性高的数据，表示数据比较不会受到异常值的影响，就算不处理，也是模型可以容许的。

9.3　特征缩放

本节将讨论特征缩放，特征缩放是指将数据特征转换到特定（通常范围比较小）的维度上。特征缩放的目的是避免单一特征的范围过大，影响特征的权重。

特征缩放是一种用于标准化独立变量或数据特征范围的方法。在数据处理中，特征缩放也被称为数据标准化，并且通常在数据预处理期间执行。在一组数据当中，不同维度可能会有不一样的表示范围，又称值域。值域的差异可能会使距离的计算或模型权重产生失准，这可通过特征缩放来避免。特征缩放的做法是将数据的每一种特征数值都缩放在同一个范围之内。

9.3.1　正规化

数据的正规化（Normalization）又称归一化，是将数据按比例缩放，使之缩放到一个特定区间，通常是 0 ～ 1。正规化在某些比较和评价的指标处理中经常会用到，除去单位限制将其转化为无单位的纯数值，便于不同单位或量级的指标能够进行比较和加权。常见的正规化方法有以下几种。

- Min-Max scaling（Min-Max 标准化）。
- Log Ratio Normalization（Log 标准化）。

- Zero-mean Normalization（Z-score 标准化）。

数据的正规化有两个好处：因为数据的范围比较小，能够提升模型的收敛速度；不会受特定维度范围的影响，可提升模型的精度。

9.3.2 标准化

标准化（Standardization）是一种特殊的正规化，即将数据正规化到数据的平均值会变为 0、标准差变为 1 的范围。Z-score 标准化就是标准化。

正规化或标准化都可以用 scikit-learn 模块实现：

```
1     from sklearn.preprocessing import MinMaxScaler
2     from sklearn.preprocessing import Normalizer
3     from sklearn.preprocessing import StandardScaler
4
5     data = [[4, 1, 2, 2],
6             [1, 3, 9, 3],
7             [5, 7, 5, 1]]
8
9     print(MinMaxScaler().fit(data).transform(data))
10    #      [[0.75       0.         0.         0.5        ]
11    #       [0.         0.33333333 1.         1.         ]
12    #       [1.         1.         0.42857143 0.         ]]
13
14    print(Normalizer().fit(data).transform(data))
15    #      [[0.8 0.2 0.4 0.4]
16    #       [0.1 0.3 0.9 0.3]
17    #       [0.5 0.7 0.5 0.1]]
18
19    print(StandardScaler().fit(data).transform(data))
20    #      [[ 0.39223227 -1.06904497 -1.16247639  0.        ]
21    #       [-1.37281295 -0.26726124  1.27872403  1.22474487]
22    #       [ 0.98058068  1.33630621 -0.11624764 -1.22474487]]
```

9.4 数据转换

数据转换（Data Transform）是指对数据进行转换，常见的做法是将连续数据转换为离散数据或将类别数据转换为数值数据。数据转换的目的是根据数值的特性，将其用一个具有周期规律的区间呈现出来。举个例子，当用日期或小时记录数据时，可能会把原本具有周期性的数据分解得太零散，反而使数据失去价值，而将其转为离散数值，即可将这种周期性趋势呈现出来。

9.4.1 将连续数据转换为离散数据

将连续数据转换为离散数据也称为装箱（bucketization），目的是将连续值转换为离散值，通过自定义区间长度来对特征进行分组。分组必须依循数据的特型进行。将连续数据转换为离散数据可使用 pandas 模块的 cut 或 qucut 方法来处理。

```
1     data = range(10)
2     # [0, 1, 2, 3, 4, 5, 6, 7, 8, 9]
3
4     print(pd.cut(data, 3))
5     # [(-0.009, 3.0], (-0.009, 3.0], (-0.009, 3.0], (-0.009, 3.0], (3.0, 6.0],
      # (3.0, 6.0], (3.0, 6.0], (6.0 , 9.0], (6.0, 9.0], (6.0, 9.0]]
6     # Categories (3, interval[float64]): [(-0.009, 3.0] < (3.0, 6.0] < (6.0, 9.0]]
7
8     print(pd.qcut(data, 3))
9     # [(-0.001, 3.0], (-0.001, 3.0], (-0.001, 3.0], (-0.001, 3.0], (3.0, 6.0],
      # (3.0, 6.0], (3.0, 6.0], (6.0 , 9.0], (6.0, 9.0], (6.0, 9.0]]
10    # Categories (3, interval[float64]): [(-0.001, 3.0] < (3.0, 6.0] < (6.0, 9.0]]
```

对于分布平均的数据，如由range产生的数据，使用cut或qcut分组的结果是差不多的，可能边界有微小差异，不过大体而言是将数据平均分成几组。那么 cut 与 qcut 有什么不一样呢？一起来看下面的例子。

```
1     data = [1,1,1,2,2,2,3,3,3,10]
2
3     print(pd.cut(data, 3))
4     # [(0.991, 4.0], (0.991, 4.0], (0.991, 4.0], (0.991, 4.0], (0.991, 4.0],
      # (0.991, 4.0], (0.991, 4.0], (0.991, 4.0], (0.991, 4.0], (7.0, 10.0]]
5     # Categories (3, interval[float64]): [(0.991, 4.0] < (4.0, 7.0] < (7.0, 10.0]]
6
7     print(pd.qcut(data, 3))
8     # [(0.999, 2.0], (0.999, 2.0], (0.999, 2.0], (0.999, 2.0], (0.999, 2.0],
      # (0.999, 2.0], (2.0, 3.0], (2.0, 3.0], (2.0, 3.0], (3.0, 10.0]]
9     # Categories (3, interval[float64]): [(0.999, 2.0] < (2.0, 3.0] < (3.0, 10.0]]
```

在这个范例中，用一个分布不均的原始数据观察，可以发现 cut 与 qcut 产生的结果截然不同。cut 是根据最大值与最小值等分，而没有考虑每一笔数据的差距，因此可能会受到误差的影响；而 qcut 则是真的以数据为单位分组，所以可以避免上述问题。有些人也会把 qcut 作为处理异常值的一种做法，类似于用分位数的概念。

9.4.2 将类别数据转换为数值数据

类别数据可以分成两种：有序类别数据和无序类别数据。二者的区别在于有序类别数据的大小关系是有意义的，因此仅需要直接用一个标签做替换即可；无序类别数据的大小关系是没有意义的，直接转换会产生奇怪的结果。

将有序类别数据转换为数值数据的方法称为标签编码（Label Encoding）。其做法是直接用一个标签替换有序类别数据，如图 9.5 所示。

id	颜色
0	红色
1	绿色
2	蓝色
3	绿色

标签编码 →

id	颜色
0	1
1	2
2	3
3	2

图 9.5　标签编码

这里 Pandas 和 scikit-learn 两个模块均可实现将有序类别数据转换为数值数据，其目的是一样的。

```
1     # Pandas
2     import pandas as pd
3     d = {
4         'one' : pd.Series([1, 2, 3], index=['a', 'b', 'c']),
5         'two' : pd.Series(['a', ' b', 'c', 'd'], index=['a', 'b', 'c', 'd'])
6     }
7     df = pd.DataFrame(d)
8     print(df)
9     #    one two
10    # a  1.0   a
11    # b  2.0   b
12    # c  3.0   c
13    # d  NaN   d
14    df.two = pd.Categorical(df.two).codes
15    print(df)
16    #    one  two
17    # a  1.0    1
18    # b  2.0    0
19    # c  3.0    2
20    # d  NaN    3
21
22    # scikit-learn
23    from sklearn import preprocessing
24    d = {
25        'one' : pd.Series([1, 2, 3], index=['a', 'b', 'c']),
26        'two' : pd.Series(['a', ' b', 'c', 'd'], index=['a', 'b', 'c', 'd'])
27    }
28    df = pd.DataFrame(d)
29    print(df)
30    #    one two
31    # a  1.0   a
32    # b  2.0   b
33    # c  3.0   c
34    # d  NaN   d
35    le = preprocessing.LabelEncoder()
```

```
36      le.fit(df.two)
37      df.two = le.transform(df.two)
38      print(df)
39      #     one  two
40      # a  1.0    1
41      # b  2.0    0
42      # c  3.0    2
43      # d  NaN    3
```

将无序类别数据转换为数值数据的方法称为独热编码。为了避免数值大小影响顺序，可将每一种数值都当成一个新的特征，每个特征都是布尔值，如图 9.6 所示。

id	颜色
0	红色
1	绿色
2	蓝色
3	绿色

独热编码 →

id	红色	绿色	蓝色
0	1	0	0
1	0	1	0
2	0	0	1
3	0	1	0

图 9.6　独热编码

这里 Pandas 和 scikit-learn 两个模块皆可实现将无序类别数据转换为数值数据。

```
 1      # Pandas
 2      import pandas as pd
 3      df = pd.DataFrame({'A': ['a', 'b', 'a'], 'B': ['b', 'a', 'c']})
 4      print(df)
 5      #    A  B
 6      # 0  a  b
 7      # 1  b  a
 8      # 2  a  c
 9      print(pd.get_dummies(df))
10      #    A_a  A_b  B_a  B_b  B_c
11      # 0    1    0    0    1    0
12      # 1    0    1    1    0    0
13      # 2    1    0    0    0    1
14
15      # scikit-learn
16      le = preprocessing.LabelEncoder()
17      le.fit(df.B)
18      df.B = le.transform(df.B)
19      print(df)
20      #    A  B
21      # 0  a  1
22      # 1  b  0
23      # 2  a  2
24      enc = preprocessing.OneHotEncoder()
25      enc.fit(df)
26      print(pd.DataFrame(enc.transform(df).toarray()))
27      #       0    1    2    3    4
```

```
28      # 0  1.0  0.0  0.0  1.0  0.0
29      # 1  0.0  1.0  1.0  0.0  0.0
30      # 2  1.0  0.0  0.0  0.0  1.0
```

有人会把特征工程定位在数据预处理阶段，也有人会将特征工程归类在模型前要处理的事情。因此，负责预处理的 Pandas 模块，或负责模型的 scikit-learn 模块都有实例。

9.5 特征操作

特征操作用于多特征的组合，将两个或多个的特征拼在一起当成一个新的特征。这是一个比较有技巧性的方法，能通过看似无关的组合，反映出数据分布的特性。

9.5.1 特征重建

特征构建指的是利用原有的特征手动拼出新的特征，这些特征中可能隐含有用的意义。特征构建通常用来解决一般的线性模型没办法解决的非线性特征问题。例如，一个使用者的购物数据可能原本是一笔一笔记录，通过加和可以得到总价格，也可以组合为周购买、月购买或年购买等来表示“趋势”的特征。

9.5.2 连续特征组合

连续特征组合目的是通过不同算法操作，由现有特征组合出新的潜在有效特征。连续特征可以视为两个序列或向量直接进行运算，当作新的一列。在以下的例子中，A、B 是原有的数据。

```
1     df['C'] = df.A + df.B
2     df['C'] = df.A - df.B
3     df['C'] = df.A * df.B
4     df['C'] = df.A / df.B
```

9.5.3 离散特征组合

用于离散特征的特征组合也称为特征交叉（Feature Crosses），就是把两个以上的特征通过某种方式结合在一起，变成新的特征，通常用来解决一般线性模型没办法解决的非线性特征问题。

```
1     df = pd.DataFrame({
2       "gender": ['male','male','female','female','male','female'],
3       "wealth":['rich','middle','rich','poor','poor','middle']
4     })
5     df['gender_wealth'] = df.gender + "_" + df.wealth
```

```
6    pd.concat([df, pd.get_dummies(df['gender_wealth'])], axis=1)
```

如图 9.7 所示，将 gender 和 wealth 两种离散特征组合成一个新的 gender_wealth 特征。

	gender	wealth
0	male	rich
1	male	middle
2	female	rich
3	female	poor
4	male	poor
5	female	middle

离散特征组合 →

	gender	wealth	gender_wealth
0	male	rich	male_rich
1	male	middle	male_middle
2	female	rich	female_rich
3	female	poor	female_poor
4	male	poor	male_poor
5	female	middle	female_middle

图 9.7 离散特征组合

注：图中英文对应笔者在代码中或者数据中指定的名字，实践中，读者需要将它们替换成自己需要的文字。

9.6 特征选择

特征选择是指通过某些方法自动地从所有的特征中挑选出有用的特征。如何从大量的特征中挑选出重要性高的特征？特征选择有过滤式、包裹式和嵌入式 3 种方法，其目标都是从已存在的特征中挑选出有用的特征。

9.6.1 过滤式

过滤式即采用某一种评估指标单独地衡量个别特征和目标特征（标签）之间的关系，常用的评估指标有相关性和 Information Gain。这种特征选择方法不需要任何模型的参与。过滤式方法都可以在 sklearn.feature_selection 模块中使用到，以下分别示范。

方差选择法：选择方差值较高的特征，能够使模型区别于数据。

```
1    from sklearn.feature_selection import VarianceThreshold
2    X = [[0, 2, 0, 3], [0, 1, 4, 3], [0, 1, 1, 3]]
3    selector = VarianceThreshold(threshold=0.0)
4    selector.fit_transform(X)
5    # array([[2, 0],
6    #         [1, 4],
7    #         [1, 1]])
```

相关系数法：统计两个连续值变项的变化关系。

```
1    from sklearn.feature_selection import SelectKBest
2    from scipy.stats import pearsonr
3
```

```
4     def multivariate_pearsonr(X, y):
5         scores, pvalues = [], []
6         for column in range(X.shape[1]):
7             cur_score, cur_p = pearsonr(X[:,column], y)
8             scores.append(abs(cur_score))
9             pvalues.append(cur_p)
10        return (np.array(scores), np.array(pvalues))
11
12    X = np.array([[0, 2, 0, 3], [0, 1, 4, 3], [0, 1, 1, 3]])
13    Xt_pearson = SelectKBest(score_func=multivariate_pearsonr, k=2).fit_
                   transform(X, X[:,-1])
14
15    print(Xt_pearson)
16    # array([[0, 3],
17    #         [4, 3],
18    #         [1, 3]])
```

卡方检验：统计两个离散值变项的变化关系。

```
1   from sklearn.feature_selection import chi2
2    from sklearn.feature_selection import SelectKBest
3     from scipy.stats import pearsonr
4
5     def multivariate_pearsonr(X, y):
6         scores, pvalues = [], []
7         for column in range(X.shape[1]):
8             cur_score, cur_p = pearsonr(X[:,column], y)
9             scores.append(abs(cur_score))
10            pvalues.append(cur_p)
11        return (np.array(scores), np.array(pvalues))
12
13    X = np.array([[0, 2, 0, 3], [0, 1, 4, 3], [0, 1, 1, 3]])
14    Xt = SelectKBest(score_func=multivariate_pearsonr, k=2).fit_transform(X, X[:,-1])
15
16    print(Xt)
17    # array([[0, 3],
18    #         [4, 3],
19    #         [1, 3]])
```

9.6.2 包裹式

包裹式会采用模型来判断数据特征与目标特征的关系，把特征选择当成一个组合优化的问题，想办法找出一组能让模型的评估结果最好的特征子集。换句话说，包裹式其实就是用穷举的方式来比较特征，由于其太耗时间，实际上不常用。其中一种包裹式叫递归特征消除法。递归消除特征法使用一个模型来进行多轮训练，每轮训练后，消除低权重值的特征，再基于新的特征集进行下一轮训练。

```
1     import pandas as pd
2     import numpy as np
```

```
3     from sklearn.feature_selection import RFE
4     from sklearn.linear_model import LogisticRegression
5
6     X = np.array([[0, 2, 0, 3], [0, 1, 4, 3], [0, 1, 1, 3]])
7        ref = RFE(estimator=LogisticRegression(), n_features_to_
select=2,step=1).fit(X, np.array([1,2,3]))
8
9     print(ref.ranking_)
10    # array([3, 1, 1, 2])
```

9.6.3 嵌入式

嵌入式也是基于模型来对特征做衡量，但用的是特征为 coefficients 或 importances 的指标，如 Logistic Regression（特别是使用 L1 penalty）或 GBDT（Gradient Boosting Decision Tree，梯度提升决策树），直接用权重或重要性对所有特征排序，然后取前 *n* 个特征作为特征子集。嵌入式先使用某些机器学习的算法和模型进行训练，得到各个特征的权值系数，根据权值系数选择大于阈值的特征。

以下示范基于惩罚项的特征选择法。

```
1     from sklearn.linear_model import LogisticRegression
2     from sklearn.datasets import load_iris
3     from sklearn.feature_selection import SelectFromModel
4     iris = load_iris()
5     X, y = iris.data, iris.target
6
7     logist = LogisticRegression(penalty="l1", C=0.1).fit(X, y)
8     model = SelectFromModel(logist, prefit=True,threshold=1.0)
9     X_new = model.transform(X)
10    X_new.shape
11    # (150, 2)
```

以下示范基于树模型的特征选择法。

```
1     from sklearn.ensemble import ExtraTreesClassifier
2
3     clf = ExtraTreesClassifier()
4     clf = clf.fit(X, y)
5     print(clf.feature_importances_ )
6     # [0.12004066 0.0348271  0.41072701 0.43440523]
7
8     model = SelectFromModel(clf, prefit=True,threshold=0.3)
9     X_new = model.transform(X)
10    X_new.shape
11    # (150, 2)
```

特征选择的本质都是根据特征的重要性挑选特征。不过以现在的技术而言，模型在计算的时候就拥有特征选择的能力，因此不一定需要在预处理阶段做特征选择。

9.7 特征提取与降维

特征提取与降维是一种将现有特征进行重组、对应成新的特征的方法。不同于特征选择只做挑选，特征提取还会对特征进行重组。

9.7.1 维度灾难

当（数学）空间维度增加时，分析和组织高维空间（通常有成百上千维），因体积指数增加而遇到各种问题场景，这样的难题在低维空间中不会遇到。数据在不同维度可以呈现的分布是有差异的，因此如何找出最佳的维度也是分析者需要考虑的问题。通常维度越高，可分性越明显，但维度太高也有维度灾难的风险，如图 9.8 所示。

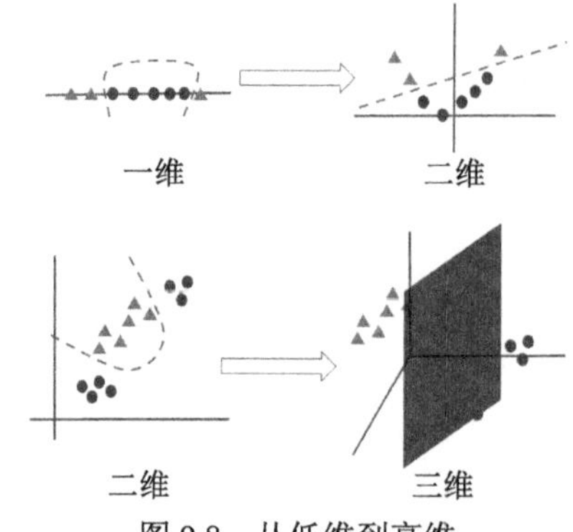

图 9.8　从低维到高维

9.7.2 主成分分析

主成分分析（PCA）的目标是通过某种线性投影，将高维的数据映射到低维的空间中表示，并期望在所投影的维度上数据的方差最大，以此使用较少的数据维度，同时保留住较多的原数据点的特性。简单来说，映射后，方差尽可能大，那么数据点会分散开来，以此来保留更多的信息。可以证明，PCA 是丢失原始数据信息最少的一种线性降维方式（实际上就是最接近原始数据，但是 PCA 并不试图去探索数据内在结构），如图 9.9 所示。

```
1    import numpy as np
2    from sklearn.decomposition import PCA
3    pca = PCA(n_components=3)
4    pca.fit(X)
5    pca.transform(X).shape
6    # (150, 3)
```

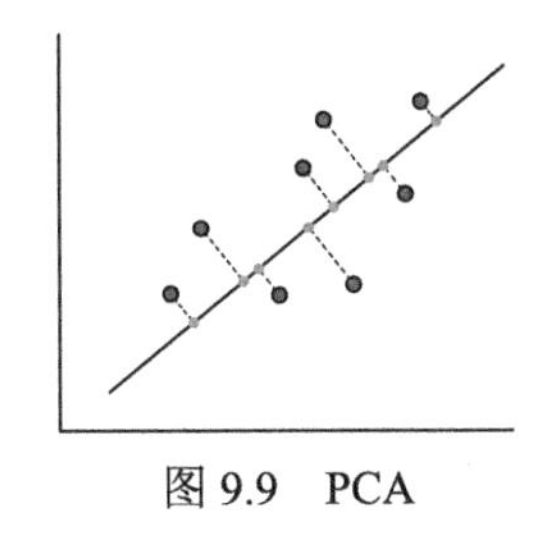
图 9.9　PCA

9.7.3　线性判别分析

线性判别分析（LDA）是一种线性分类算法，思想非常简单，它是将训练集中的点映射到一条直线上，使得相同类别中的点尽可能靠在一起，属于不同类别的点尽可能离得比较远，目标就是找到一条直线，尽可能满足上面的要求，如图 9.10 所示。下面的分析都是二分类情况。

```
1    import numpy as np
2    from sklearn.discriminant_analysis import LinearDiscriminantAnalysis
3    clf = LinearDiscriminantAnalysis(n_components=1)
4    clf.fit(X, y)
5    clf.transform(X).shape
6    # (150, 1)
```

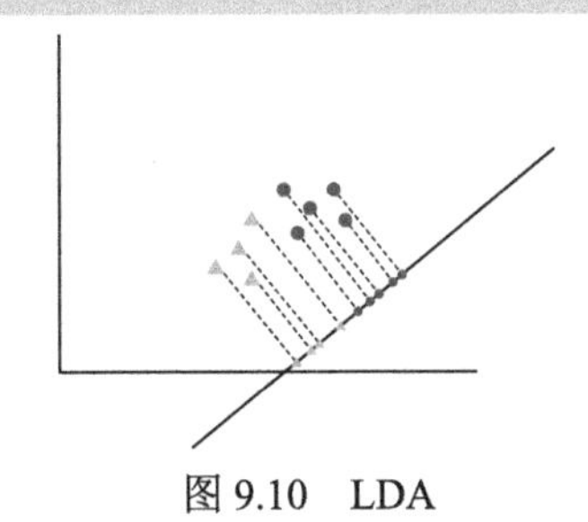
图 9.10　LDA

其实 PCA 跟 LDA 是两种完全相反的方法。实际上，我们选择哪一种方法并没有标准答案（需要根据实验结果做出判断），如图 9.11 所示。

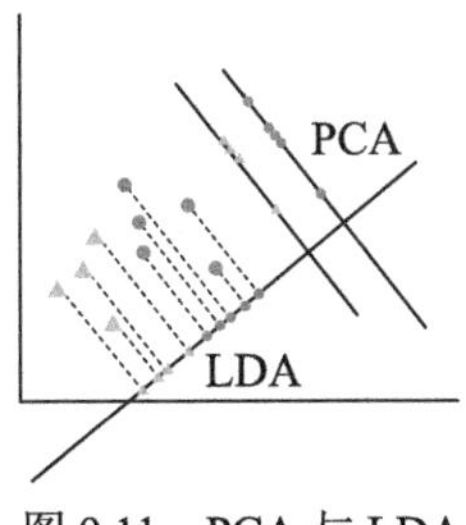

图 9.11　PCA 与 LDA

第 10 章　示例应用

本章利用几个真实的数据集实践本书前面讨论到的各种方法。10.1 节与 10.2 节使用 Kaggle 上经典的泰坦尼克号和房价预测的数据集，10.3 节利用 Quora 的公开数据集。

本章主要涉及的知识点：

- 真实数据的问题拆解；
- 数据分析方法的实践的流程。

10.1 示例应用 1：泰坦尼克号

泰坦尼克号沉没是经典的沉船事件之一。在 1912 年的首航中，泰坦尼克号与冰山相撞后沉没，造成 1 502 人死亡。这场悲剧震惊了国际社会，之后各国为船舶制定了更好的安全规定。造成泰坦尼克号失事的原因之一是乘客和机组人员没有足够的救生艇。尽管幸存者中存在运气因素，但有些人比其他人更容易生存，如妇女、儿童和上流社会人士。

10.1.1 使用数据集与背景

数据来自于 Kaggle 网站的入门项目 Titanic。

```
1    # 引入相关包
2    import pandas as pd
3    import numpy as np
4
5    # 载入训练与测试数据
6    train_df = pd.read_csv('./data/train.csv')
7    test_df = pd.read_csv('./data/test.csv')
```

在这个数据集中，要对哪些人可能存活进行数据分析与预测，通过数据分析的方式找出哪些特征可能是影响存活的关键。

10.1.2 定义问题与观察数据

载入数据之后，先通过几种常见的策略来了解数据。

- 快速检阅数据样貌。
- 定义数据栏位类型。
- 确认类别数据分布。
- 确认数值数据范围。
- 比较数据间的关系。

首先，先快速检阅数据样貌，如栏位、数据大小。

```
1    # 快速检阅数据样貌
2    print(train_df.columns.values)# 检视可以使用的栏位
3    # ['PassengerId' 'Survived' 'Pclass' 'Name' 'Sex' 'Age' 'SibSp' 'Parch'
4    # 'Ticket' 'Fare' 'Cabin' 'Embarked']
5    print(train_df.shape)# 检视数据数量
6    # (891, 12)
7    print(test_df.shape)# 检视数据数量
```

```
8     # (418, 11)
```

可以把前几笔、后几笔数据输出，如图 10.1 和图 10.2 所示。

```
1     train_df.head()# 检视前5笔训练数据
```

	PassengerId	Survived	Pclass	Name	Sex	Age	SibSp	Parch	Ticket	Fare	Cabin	Embarked
0	1	0	3	Braund, Mr. Owen Harris	male	22.0	1	0	A/5 21171	7.2500	NaN	S
1	2	1	1	Cumings, Mrs. John Bradley (Florence Briggs Th...	female	38.0	1	0	PC 17599	71.2833	C85	C
2	3	1	3	Heikkinen, Miss. Laina	female	26.0	0	0	STON/O2. 3101282	7.9250	NaN	S
3	4	1	1	Futrelle, Mrs. Jacques Heath (Lily May Peel)	female	35.0	1	0	113803	53.1000	C123	S
4	5	0	3	Allen, Mr. William Henry	male	35.0	0	0	373450	8.0500	NaN	S

图 10.1　检视前 5 笔训练数据

注：图中英文对应笔者在代码中或数据中指定的名字，实践中读者可将它们替换成自己需要的文字。

```
1     train_df.tail()# 检视后5笔训练数据
```

	PassengerId	Survived	Pclass	Name	Sex	Age	SibSp	Parch	Ticket	Fare	Cabin	Embarked
886	887	0	2	Montvila, Rev. Juozas	male	27.0	0	0	211536	13.00	NaN	S
887	888	1	1	Graham, Miss. Margaret Edith	female	19.0	0	0	112053	30.00	B42	S
888	889	0	3	Johnston, Miss. Catherine Helen "Carrie"	female	NaN	1	2	W./C. 6607	23.45	NaN	S
889	890	1	1	Behr, Mr. Karl Howell	male	26.0	0	0	111369	30.00	C148	C
890	891	0	3	Dooley, Mr. Patrick	male	32.0	0	0	370376	7.75	NaN	Q

图 10.2　检视后 5 笔训练数据

注：图中英文对应笔者在代码中或数据中指定的名字，实践中读者可将它们替换成自己需要的文字。

接着，确认数据的栏位与类型。

```
1     # 显示训练/测试数据栏位的类型与空值
2     train_df.info()
3     # <class 'pandas.core.frame.DataFrame'>
4     # RangeIndex: 891 entries, 0 to 890
5     # Data columns (total 12 columns):
6     # PassengerId 891 non-null int64
7     # Survived 891 non-null int64
8     # Pclass 891 non-null int64
9     # Name 891 non-null object
10    # Sex 891 non-null object
11    # Age 714 non-null float64
12    # SibSp 891 non-null int64
13    # Parch 891 non-null int64
14    # Ticket 891 non-null object
15    # Fare 891 non-null float64
16    # Cabin 204 non-null object
17    # Embarked 889 non-null object
18    # dtypes: float64(2), int64(5), object(5)
```

```
19      # memory usage: 83.6+ KB
20
21      test_df.info()
22      # <class 'pandas.core.frame.DataFrame'>
23      # RangeIndex: 418 entries, 0 to 417
24      # Data columns (total 11 columns):
25      # PassengerId 418 non-null int64
26      # Pclass 418 non-null int64
27      # Name 418 non-null object
28      # Sex 418 non-null object
29      # Age 332 non-null float64
30      # SibSp 418 non-null int64
31      # Parch 418 non-null int64
32      # Ticket 418 non-null object
33      # Fare 417 non-null float64
34      # Cabin 91 non-null object
35      # Embarked 418 non-null object
36      # dtypes: float64(2), int64(4), object(5)
37      # memory usage: 36.0+ KB
```

查看完数据的栏位后，接下来分别观察连续数据与离散数据。观察连续型数据，注意范围（见图 10.3）；观察离散型数据，注意分布。

```
# 确认连续数据范围
train_df.describe()
test_df.describe()
```

	PassengerId	Survived	Pclass	Age	SibSp	Parch	Fare
count	891.000000	891.000000	891.000000	714.000000	891.000000	891.000000	891.000000
mean	446.000000	0.383838	2.308642	29.699118	0.523008	0.381594	32.204208
std	257.353842	0.486592	0.836071	14.526497	1.102743	0.806057	49.693429
min	1.000000	0.000000	1.000000	0.420000	0.000000	0.000000	0.000000
25%	223.500000	0.000000	2.000000	20.125000	0.000000	0.000000	7.910400
50%	446.000000	0.000000	3.000000	28.000000	0.000000	0.000000	14.454200
75%	668.500000	1.000000	3.000000	38.000000	1.000000	0.000000	31.000000
max	891.000000	1.000000	3.000000	80.000000	8.000000	6.000000	512.329200

	PassengerId	Pclass	Age	SibSp	Parch	Fare
count	418.000000	418.000000	332.000000	418.000000	418.000000	417.000000
mean	1100.500000	2.265550	30.272590	0.447368	0.392344	35.627188
std	120.810458	0.841838	14.181209	0.896760	0.981429	55.907576
min	892.000000	1.000000	0.170000	0.000000	0.000000	0.000000
25%	996.250000	1.000000	21.000000	0.000000	0.000000	7.895800
50%	1100.500000	3.000000	27.000000	0.000000	0.000000	14.454200
75%	1204.750000	3.000000	39.000000	1.000000	0.000000	31.500000
max	1309.000000	3.000000	76.000000	8.000000	9.000000	512.329200

图 10.3　确认连续数据范围

注：图中英文对应笔者在代码中或数据中指定的名字，实践中读者可将它们替换成自己需要的文字。

从图 10.3 可以得到几个关于连续数据的观察结果，如图 10.4 所示。

- 训练数据样本数共 891 笔，大概是泰坦尼克号船上总人数 2 224 的 40%。
- 从 SibSp 栏位可以看出，大约 75% 乘客没有与家人一起乘船，另 25% 的乘客则与家人一起乘船。
- Fare 栏位显示票价差异很大，变异数达 49，且少数乘客（<1%）所购船票的票价高达 512 美元。

- Age栏位显示大部分乘客都很年轻，平均29岁，且38岁以上的乘客较少。

```
1    # 确认类别数据分布
2    train_df.describe(include=['O'])
3    test_df.describe(include=['O'])
```

	Name	Sex	Ticket	Cabin	Embarked
count	891	891	891	204	889
unique	891	2	681	147	3
top	Jerwan, Mrs. Amin S (Marie Marthe Thuillard)	male	347082	B96 B98	S
freq	1	577	7	4	644

	Name	Sex	Ticket	Cabin	Embarked
count	418	418	418	91	418
unique	418	2	363	76	3
top	Corbett, Mrs. Walter H (Irene Colvin)	male	PC 17608	B57 B59 B63 B66	S
freq	1	266	5	3	270

图10.4　确认类别数据分布

注：图中英文对应笔者在代码中或数据中指定的名字，实践中读者可将它们替换成自己需要的文字。

从图10.4可以得到几个关于离散数据的结果。

- 姓名都不一样，没有重复。
- 男性乘客占比大约为65%。
- 船票号码大约有23%是重复的，代表有许多人共用同一张船票。
- 同客舱只有147间，代表许多乘客共用客舱。
- 登船口共有3个，大多数乘客使用S区域登船口上船，大约占72%。

10.1.3　数据清理与类型转换

下面正式进入数据预处理阶段。在这个阶段中，第一个必须要进行的项目是“数据清理与类型转换”。其最终的目的都是让后续的机器可读、模型可以正确运算。主要需要处理的数据是非数值数据，也就是不可以运算的数据，有“字符串”和“空值”两种。

首先，我们先对Sex（性别）和Embarked（登船口）两个栏位进行处理。直接将Sex（性别）当中的female、male字符串直接转换即可（标签编码）。

```
1    # 性别字符串转离散型数值
2    train_df['Sex'] = train_df['Sex'].map({'female': 1, 'male': 0}).astype(int)
3    test_df['Sex'] = test_df['Sex'].map({'female': 1, 'male': 0}).astype(int)
```

Embarked（登船口）栏位有缺值。由前面数据统计结果得知，缺值数量不多，可以采用统计值众数的方式进行填补，接着采用类似上面的方式进行转换，如图10.5所示。

```
1    # Embarked登船口字符串转离散型数值
```

```
2
3    ## Embarked栏位有缺值,由前面数据统计结果得知只有少量2笔Embarked数据缺值,因此以众数
        进行补值
4    embarked_mode = train_df.Embarked.dropna().mode()[0]
5    train_df['Embarked'] = train_df['Embarked'].fillna(embarked_mode)
6    test_df['Embarked'] = test_df['Embarked'].fillna(embarked_mode)
7
8    ## 转离散值
9    train_df['Embarked'] = train_df['Embarked'].map({'S': 0, 'C': 1, 'Q': 2}).
         astype(int)
10   test_df['Embarked'] = test_df['Embarked'].map({'S': 0, 'C': 1, 'Q': 2}).
         astype(int)
```

	PassengerId	Survived	Pclass	Name	Sex	Age	SibSp	Parch	Ticket	Fare	Cabin	Embarked
0	1	0	3	Braund, Mr. Owen Harris	0	22.0	1	0	A/5 21171	7.2500	NaN	0
1	2	1	1	Cumings, Mrs. John Bradley (Florence Briggs Th...	1	38.0	1	0	PC 17599	71.2833	C85	1
2	3	1	3	Heikkinen, Miss. Laina	1	26.0	0	0	STON/O2. 3101282	7.9250	NaN	0
3	4	1	1	Futrelle, Mrs. Jacques Heath (Lily May Peel)	1	35.0	1	0	113803	53.1000	C123	0
4	5	0	3	Allen, Mr. William Henry	0	35.0	0	0	373450	8.0500	NaN	0

图 10.5　Embarked 登船口字符串转离散型数值

注：图中英文对应笔者在代码中或数据中指定的名字，实践中读者可将它们替换成自己需要的文字。

Ticket（船票）栏位含有大量的重复值，且 Ticket 栏位是随机号码，与存活的相关性低。Cabin 栏位含有高达七成以上的空值，补值后的有效性可能不足。因此，将 Ticket 和 Cabin 移除。

```
1    train_df = train_df.drop(['Ticket', 'Cabin'], axis=1)
2    test_df = test_df.drop(['Ticket', 'Cabin'], axis=1)
```

Age（年纪）栏位与 Pclass 栏位和 Sex 栏位有关，因此可以用不同 Pclass 和不同性别族群的中位数对 Age 填补缺失值。通过观察 Pclass 和 Sex 的年龄分布，可以发现有些不同 Pclass、Sex 的年龄层变化较大，因此可以用不同族群平均值来进行年龄补值，如图 10.6 所示。

```
1    distribution = sns.FacetGrid(train_df, row='Pclass', col='Sex')
2    distribution.map(plt.hist, 'Age', bins=10)
3    distribution.add_legend()
```

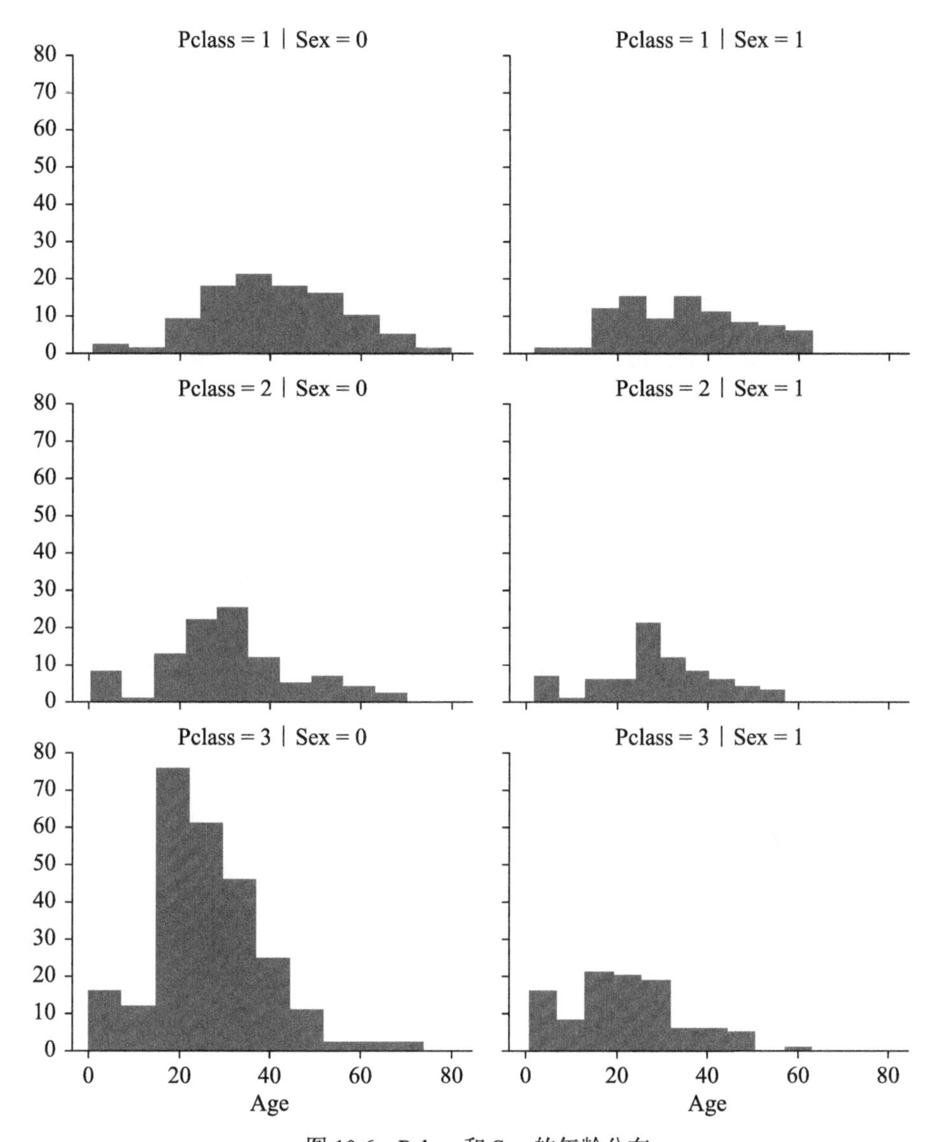

图 10.6　Pclass 和 Sex 的年龄分布

```
1     for df in [train_df,test_df]:
2         for i in range(0, 2):
3             for j in range(0, 3):
4                 df.loc[ (df.Age.isnull()) & (df.Sex == i) & (df.Pclass == j+1),
                    'Age'] = df[(df['Sex'] == i) & (df['Pclass'] == j+1)]
                    ['Age'].dropna().median()
5         df['Age'] = df['Age'].astype(int)
6
```

```
7       train_df.info()
8       # <class 'pandas.core.frame.DataFrame'>
9       # RangeIndex: 891 entries, 0 to 890
10      # Data columns (total 10 columns):
11      # Age 891 non-null int64
```

接着对Fare（费用）栏位补中位数，由前面测试数据统计结果得知Fare数据缺值不多，直接用中位数即可。

```
1       test_df['Fare'] = test_df['Fare'].fillna(train_df['Fare'].dropna().median())
2       test_df.info()
3       # <class 'pandas.core.frame.DataFrame'>
4       # RangeIndex: 418 entries, 0 to 417
5       # Data columns (total 9 columns):
6       # Fare 418 non-null float64
```

最后，用 info 检查两个数据是否都已经处理完毕。

```
1       train_df.info()
2       # <class 'pandas.core.frame.DataFrame'>
3       # RangeIndex: 891 entries, 0 to 890
4       # Data columns (total 10 columns):
5       # PassengerId 891 non-null int64
6       # Survived 891 non-null int64
7       # Pclass 891 non-null int64
8       # Name 891 non-null object
9       # Sex 891 non-null int64
10      # Age 891 non-null int64
11      # SibSp 891 non-null int64
12      # Parch 891 non-null int64
13      # Fare 891 non-null float64
14      # Embarked 891 non-null int64
15      # dtypes: float64(1), int64(8), object(1)
16      # memory usage: 69.7+ KB
17
18
19      test_df.info()
20      # <class 'pandas.core.frame.DataFrame'>
21      # RangeIndex: 418 entries, 0 to 417
22      # Data columns (total 9 columns):
23      # PassengerId 418 non-null int64
24      # Pclass 418 non-null int64
25      # Name 418 non-null object
26      # Sex 418 non-null int64
27      # Age 418 non-null int64
28      # SibSp 418 non-null int64
29      # Parch 418 non-null int64
30      # Fare 418 non-null float64
31      # Embarked 418 non-null int64
32      # dtypes: float64(1), int64(7), object(1)
33      # memory usage: 29.5+ KB
```

10.1.4 数据探索与可视化

有了干净无缺的数据之后，在数据探索阶段，可以运用一些统计或视觉图表的方式帮助读者进一步认识数据。利用相关系数的方式来观察栏位跟栏位之间的关系，如图 10.7 所示。

```
1    train_df.corr()
```

	PassengerId	Survived	Pclass	Sex	Age	SibSp	Parch	Fare	Embarked
PassengerId	1.000000	-0.005007	-0.035144	-0.042939	0.039529	-0.057527	-0.001652	0.012658	-0.030467
Survived	-0.005007	1.000000	-0.338481	0.543351	-0.060291	-0.035322	0.081629	0.257307	0.106811
Pclass	-0.035144	-0.338481	1.000000	-0.131900	-0.414682	0.083081	0.018443	-0.549500	0.045702
Sex	-0.042939	0.543351	-0.131900	1.000000	-0.104584	0.114631	0.245489	0.182333	0.116569
Age	0.039529	-0.060291	-0.414682	-0.104584	1.000000	-0.250248	-0.175708	0.123250	-0.059221
SibSp	-0.057527	-0.035322	0.083081	0.114631	-0.250248	1.000000	0.414838	0.159651	-0.059961
Parch	-0.001652	0.081629	0.018443	0.245489	-0.175708	0.414838	1.000000	0.216225	-0.078665
Fare	0.012658	0.257307	-0.549500	0.182333	0.123250	0.159651	0.216225	1.000000	0.062142
Embarked	-0.030467	0.106811	0.045702	0.116569	-0.059221	-0.059961	-0.078665	0.062142	1.000000

图 10.7　相关系数

注：图中英文对应笔者在代码中或数据中指定的名字，实践中读者可将它们替换成自己需要的文字。

从结果中可以得知：

- Parch、Fare、Embarked 三个栏位与是否可以生存是正相关的，其中 Fare 相关性最强。
- PassengerId、Pclass、Age、SibSp 四个栏位与是否可以生存是负相关的，其中 Pclass 的负相关性最强。
- SibSp 和 Parch 特征具有零相关性值。

数据透视表（pivot_table）用于观察 SibSp 与 Parch 这两个栏位分别与存活的相关性，如图 10.8 所示。

```
1    pd.pivot_table(train_df[['Survived','SibSp']], index=['SibSp'],
                    aggfunc=np.mean)
2    pd.pivot_table(train_df[['Survived','Parch']], index=['Parch'],
                    aggfunc=np.mean)
```

Parch	Survived
0	0.343658
1	0.550847
2	0.500000
3	0.600000
4	0.000000
5	0.200000
6	0.000000

SibSp	Survived
0	0.345395
1	0.535885
2	0.464286
3	0.250000
4	0.166667
5	0.000000
8	0.000000

图 10.8　SibSp 与 Parch 这两个栏位分别与存活的相关性

注：图中英文对应笔者在代码中或数据中指定的名字，实践中读者可将它们替换成自己需要的文字。

数据透视表（pivot_table）用于观察 Pclass、Sex 和 Embarked 这 3 个栏位分别与存活的相关性，如图 10.9 所示。

```
1    pd.pivot_table(train_df[['Survived','Pclass']], index=['Pclass'],
              aggfunc=np.mean)
2    pd.pivot_table(train_df[['Survived','Sex']], index=['Sex'], aggfunc=np.mean)
3    pd.pivot_table(train_df[['Survived','Embarked']], index=['Embarked'],
              aggfunc=np.mean)
```

Embarked	Survived
0	0.339009
1	0.553571
2	0.389610

Sex	Survived
0	0.188908
1	0.742038

Pclass	Survived
1	0.629630
2	0.472826
3	0.242363

图 10.9　Pclass、Sex 和 Embarked 这 3 个栏位分别与存活的相关性

注：图中英文对应笔者在代码中或数据中指定的名字，实践中读者可将它们替换成自己需要的文字。

从数据观察到 Pclass = 1 和 Survived 之间存在显著的相关性（相关系数 > 0.5），建议在分类模型中包含此特征值。性别为女性的生存率非常高，表示获救的大部分是女性族群，此外从登船口 Cherbourg 进入的人生存率较高。由前面数据统计发现，不同性别和不同年龄层的生存率差异大，因此可以借由统计人名称呼来检视是否有其他的相关性，如图 10.10 所示。

```
1    for dataset in [train_df,test_df]:
2        dataset['Title'] = dataset.Name.str.extract(' ([A-Za-z]+)\.',
                                                     expand=False)
3
4    for dataset in [train_df,test_df]:
5        dataset['Title'] = dataset['Title'].replace(['Lady', 'Countess','Capt',
          'Col','Don', 'Dr', 'Major', 'Rev', 'Sir', 'Jonkheer', 'Dona' ], 'Rare')
6        dataset['Title'] = dataset['Title'].replace('Mlle', 'Miss')
7        dataset['Title'] = dataset['Title'].replace('Ms', 'Miss')
8        dataset['Title'] = dataset['Title'].replace('Mme', 'Mrs')
9
10   # 称乎字符串转离散型数值
11   title_mapping = {"Mr": 1, "Miss": 2, "Mrs": 3, "Master": 4, "Rare": 5}
12   for dataset in [train_df,test_df]:
13       dataset['Title'] = dataset['Title'].map(title_mapping)
14       dataset['Title'] = dataset['Title'].fillna(0)
15
16   train_df[['Title', 'Survived']].groupby(['Title'], as_index=False).mean()
```

	Title	Survived
0	Master	0.575000
1	Miss	0.702703
2	Mr	0.156673
3	Mrs	0.793651
4	Rare	0.347826

图 10.10　统计人名称呼来检视是否有其他的相关性

注：图中英文对应笔者在代码中或数据中指定的名字，实践中读者可将它们替换成自己需要的文字。

由结果得知，称呼为 Mrs、Miss 的乘客生存率偏高，称呼为 Mr、Rare 的乘客生存率偏低。前面统计结果显示 SibSp 和 Parch 特征具有零相关性，因此结合这两个特征导出新征 FamilySize，并统计不同家庭人员数量的生存率，如图 10.11 所示。

```
1    train_df['Family'] = train_df['SibSp'] + train_df['Parch'] + 1
2    test_df['Family'] = test_df['SibSp'] + test_df['Parch'] + 1
3
4    pd.pivot_table(train_df[['Survived','Family']], index=['Family'],
                    aggfunc=np.mean)
```

Family	Survived
1	0.303538
2	0.552795
3	0.578431
4	0.724138
5	0.200000
6	0.136364
7	0.333333
8	0.000000
11	0.000000

图 10.11　统计不同家庭人员数量的生存率

注：Family 为家庭，Survived 为幸存者，均为笔者在代码中或数据中指定的名字，实践中读者可将它们替换成自己需要的文字。

结果显示家庭人数最多的 8 人、11 人的生存率趋近 0，如图 10.12 所示。

```
1    # 统计独自旅行的人的生存率
2    train_df['single'] = 0
3    train_df.loc[train_df['Family'] == 1, 'single'] = 1
4
5    test_df['single'] = 0
6    test_df.loc[test_df['Family'] == 1, 'single'] = 1
7
8    pd.pivot_table(train_df[['Survived','single']], index=['single'],
                 aggfunc=np.mean)
```

Single	Survived
0	0.505650
1	0.303538

图 10.12　统计独自旅行的人的生存率

注：Single 为单身，Survived 为幸存者，均为笔者在代码中或者数据中指定的名字，实践中读者可将它们替换成自己需要的文字。

结果显示独自旅行的人生存率较低。接下来，通过视觉图表的方式进行观察。首先，统计不同年龄层的幸存者数量，如图10.13所示。

```
1      g = sns.FacetGrid(train_df, col='Survived')
2      g.map(plt.hist, 'Age', bins=30)
```

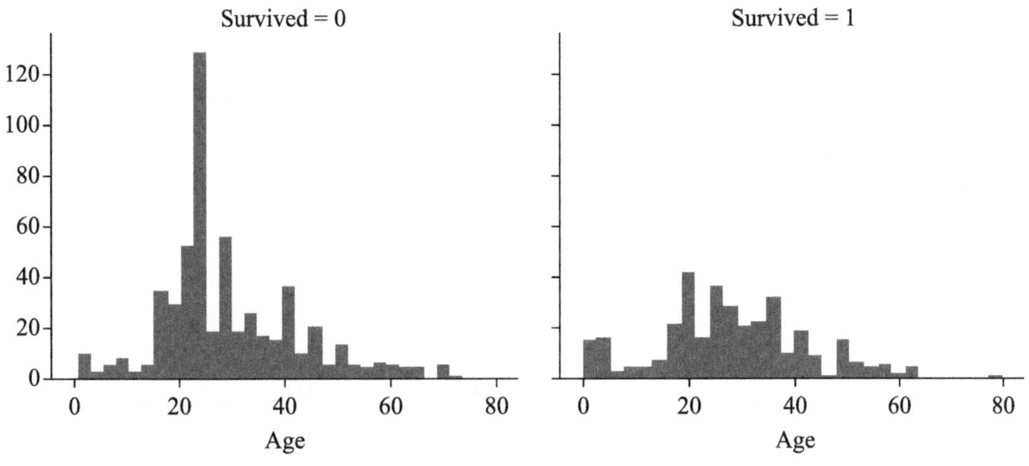

图10.13 统计不同年龄层的幸存者数量

注：Survived为幸存者，Age为年龄。

从结果来看：

- 较年轻的族群生存率高。
- 年纪越大，生存率越低。
- 超过80岁的乘客，有一部分存活。

不同年龄层、不同Pclass的幸存者数量如图10.14所示。

```
1      g = sns.FacetGrid(train_df, col='Survived', row='Pclass', size=2.2,
                         aspect=1.6)
2      g.map(plt.hist, 'Age', alpha=1, bins=30)
3      g.add_legend()
```

从结果看：

- 小孩大部分分布在Pclass=1，且生存率高。
- 大部分人在Pclass=3，但生存率低。
- 在Pclass=1的人生存率较高。

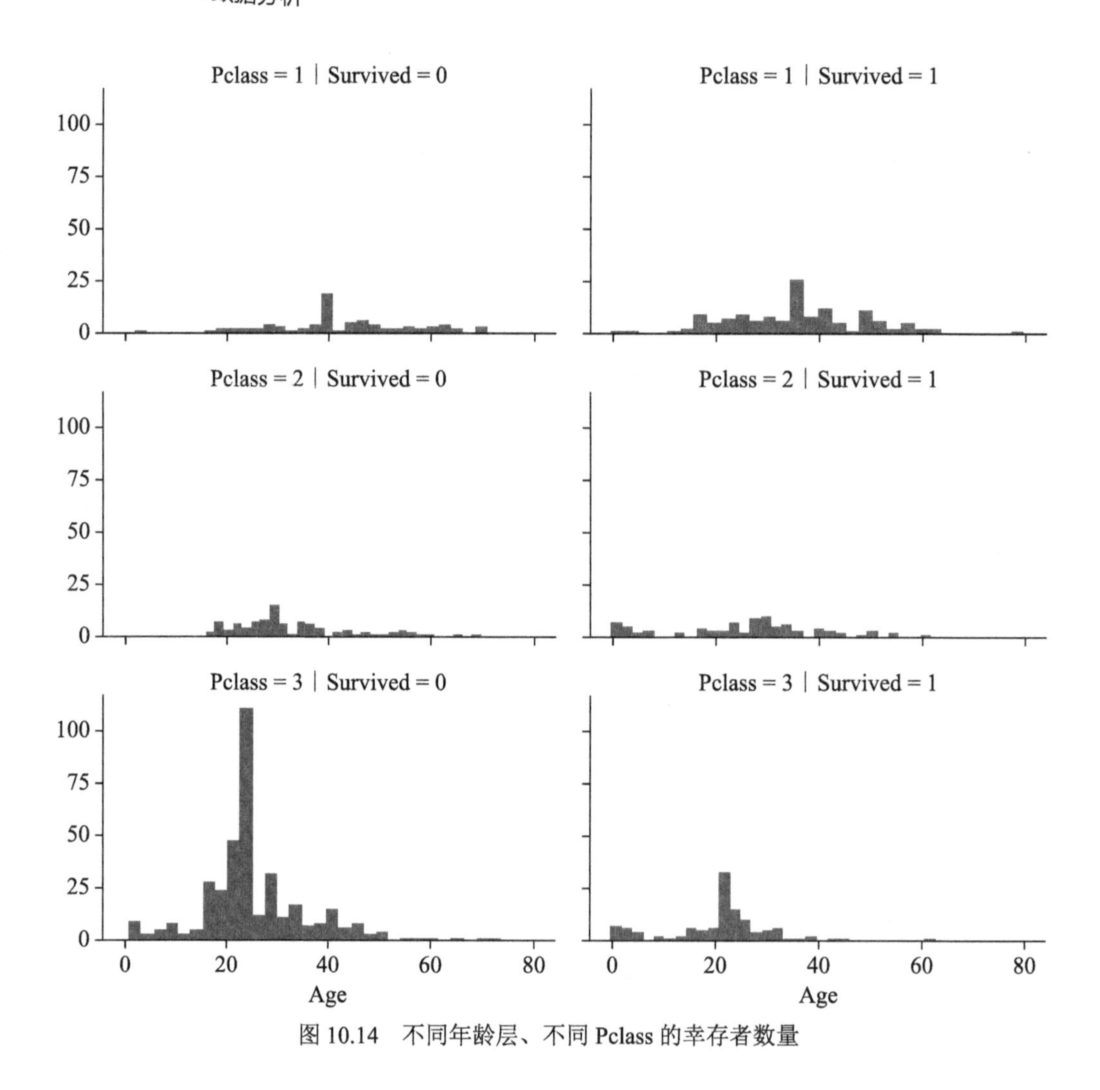

图 10.14　不同年龄层、不同 Pclass 的幸存者数量

10.1.5　特征工程

在特征工程阶段，针对每一列数据的特性做一些处理，目的是将有意义的栏位放大，将无意义的栏位缩小，进而提升数据的可分性。

Name 栏位与 PassengerID 都具有流水号性质，对于分类任务不具区别性。Parch、SibSp、FamilySize 都有与生存率没有相关性的值，对于分类任务不具区别性。因此，这些栏位都不在模型中使用。

```
1    train_df = train_df.drop(['Name', 'PassengerId'], axis=1)
2    test_df = test_df.drop(['Name', 'PassengerId'], axis=1)
```

```
3      train_df = train_df.drop(['Parch', 'SibSp', 'Family'], axis=1)
4      test_df = test_df.drop(['Parch', 'SibSp', 'Family'], axis=1)
```

接下来提取不同年龄层，将年龄层分成不同的范围，将连续型数值转换为离散型数值，如图 10.15 所示。

```
1      for dataset in [train_df,test_df]:
2          dataset.loc[ dataset['Age'] <= 15, 'Age'] = 0
3          dataset.loc[(dataset['Age'] > 15) & (dataset['Age'] <= 30), 'Age'] = 1
4          dataset.loc[(dataset['Age'] > 30) & (dataset['Age'] <= 45), 'Age'] = 2
5          dataset.loc[(dataset['Age'] > 45) & (dataset['Age'] <= 60), 'Age'] = 3
6          dataset.loc[ dataset['Age'] > 60, 'Age'] = 4
7
8      train_df.head()
```

	Survived	Pclass	Sex	Age	Fare	Embarked	Title	Single
0	0	3	0	1	7.2500	0	1	0
1	1	1	1	2	71.2833	1	3	0
2	1	3	1	1	7.9250	0	2	1
3	1	1	1	2	53.1000	0	3	0
4	0	3	0	2	8.0500	0	1	1

图 10.15 将年龄层分成不同的范围

注：图中英文为笔者在代码中或数据中指定的名字，实践中读者可将它们替换成自己需要的文字。

Fare 栏位也采取一样的手法，由前面统计结果知道票价级距与生存率关联性高，故将票价依照 4 分位做分群，如图 10.16 所示。

```
1      for dataset in [train_df,test_df]:
2          dataset.loc[ dataset['Fare'] <= 7.91, 'Fare'] = 0
3          dataset.loc[(dataset['Fare'] > 7.91) & (dataset['Fare'] <= 14.454),
                       'Fare'] = 1
4          dataset.loc[(dataset['Fare'] > 14.454) & (dataset['Fare'] <= 31),
                       'Fare'] = 2
5          dataset.loc[ dataset['Fare'] > 31, 'Fare'] = 3
6
7      train_df.head(10)
```

	Survived	Pclass	Sex	Age	Fare	Embarked	Title	Single
0	0	3	0	1	0.0	0	1	0
1	1	1	1	2	3.0	1	3	0
2	1	3	1	1	1.0	0	2	1
3	1	1	1	2	3.0	0	3	0
4	0	3	0	2	1.0	0	1	1
5	0	3	0	1	1.0	2	1	1
6	0	1	0	3	3.0	0	1	1
7	0	3	0	0	2.0	0	4	0
8	1	3	1	1	1.0	0	3	0
9	1	2	1	0	2.0	1	3	0

图 10.16　将 Fare 分成不同的范围

注：图中英文为笔者在代码中或数据中指定的名字，实践中读者可将它们替换成自己需要的文字。

10.1.6　机器学习

对需要处理的数据稍做整理。

```
1    X_train = train_df[['Pclass', 'Sex', 'Age', 'Fare', 'Embarked', 'Title',
                      'single']]
2    Y_train = train_df['Survived']
3    X_test = test_df
```

最后，使用机器学习包。此时，不特别考虑某一种模型，而是把所有模型都运行一次。

```
1     # machine learning
2     from sklearn.linear_model import LogisticRegression
3     from sklearn.svm import SVC, LinearSVC
4     from sklearn.ensemble import RandomForestClassifier
5     from sklearn.linear_model import LogisticRegression
6     from sklearn.neighbors import KNeighborsClassifier
7     from sklearn.naive_bayes import GaussianNB
8     from sklearn.linear_model import Perceptron
9     from sklearn.linear_model import SGDClassifier
10    from sklearn.tree import DecisionTreeClassifier
11
12    # logistic regression
13    log = LogisticRegression(random_state=0)
14    log.fit(X_train, Y_train)
15    Y_pred = log.predict(X_test)
16    acc_log = round(log.score(X_train,Y_train) * 100, 2)
17
18    # Support Vector Machines
19    svc = SVC()
20    svc.fit(X_train, Y_train)
```

```
21      Y_pred = svc.predict(X_test)
22      acc_svc = round(svc.score(X_train, Y_train) * 100, 2)
23
24      # Linear SVC
25      linear_svc = LinearSVC()
26      linear_svc.fit(X_train, Y_train)
27      Y_pred = linear_svc.predict(X_test)
28      acc_linear_svc = round(linear_svc.score(X_train, Y_train) * 100, 2)
29
30      # Decision Tree
31      decision_tree = DecisionTreeClassifier()
32      decision_tree.fit(X_train, Y_train)
33      Y_pred = decision_tree.predict(X_test)
34      acc_decision_tree = round(decision_tree.score(X_train, Y_train) * 100, 2)
35
36      # Random Forest
37      random_forest = RandomForestClassifier(n_estimators=100)
38      random_forest.fit(X_train, Y_train)
39      Y_pred = random_forest.predict(X_test)
40      random_forest.score(X_train, Y_train)
41      acc_random_forest = round(random_forest.score(X_train, Y_train) * 100, 2)
42
43      #KNN
44      knn = KNeighborsClassifier(n_neighbors = 3)
45      knn.fit(X_train, Y_train)
46      Y_pred = knn.predict(X_test)
47      acc_knn = round(knn.score(X_train, Y_train) * 100, 2)
48
49      # Gaussian Naive Baye
50      gaussian = GaussianNB()
51      gaussian.fit(X_train, Y_train)
52      Y_pred = gaussian.predict(X_test)
53      acc_gaussian = round(gaussian.score(X_train, Y_train) * 100, 2)
54
55      # Perceptron
56      perceptron = Perceptron()
57      perceptron.fit(X_train, Y_train)
58      Y_pred = perceptron.predict(X_test)
59      acc_perceptron = round(perceptron.score(X_train, Y_train) * 100, 2)
60
61      # Stochastic Gradient Descent
62      sgd = SGDClassifier()
63      sgd.fit(X_train, Y_train)
64      Y_pred = sgd.predict(X_test)
65      acc_sgd = round(sgd.score(X_train, Y_train) * 100, 2)
```

最后把结果呈现出来，如图 10.17 所示。

```
1     models = pd.DataFrame({
2         'Model': ['Support Vector Machines', 'KNN', 'Logistic Regression',
3                   'Random Forest', 'Naive Bayes', 'Perceptron',
4                   'Stochastic Gradient Decent', 'Linear SVC',
5                   'Decision Tree'],
```

```
6        'Score': [acc_svc, acc_knn, acc_log,
7                  acc_random_forest, acc_gaussian, acc_perceptron,
8                  acc_sgd, acc_linear_svc, acc_decision_tree]})
9    models.sort_values(by='Score', ascending=False)
```

	Model	Score
3	Random Forest	86.87
8	Decision Tree	86.87
0	Support Vector Machines	83.61
2	Logistic Regression	81.14
1	KNN	80.81
7	Linear SVC	79.69
4	Naive Bayes	77.22
5	Perceptron	71.38
6	Stochastic Gradient Decent	60.04

图 10.17 结果

注：图中英文为笔者在代码中或数据中指定的名字，实践中读者可将它们替换成自己需要的文字。

10.2 示例应用 2：房价预测

购房者在买新房子的时候，通常会期望买到既便宜又大的房子，但是不知道该考虑什么因素，且担心的因素通常不是影响房价的最重要原因。如果知道哪些因素会真正影响房价，购房者就可以利用各种与房价有关因素来观察房价过去的数据，进而买到自己期望的房子。

10.2.1 使用数据集与背景

数据来自于 Kaggle 网站的入门项目 House Prices。

```
1    # 引入相关库
2    import pandas as pd
3    import numpy as np
4
5    # 载入训练与测试数据
6    train_df = pd.read_csv('./data/train.csv')
7    test_df = pd.read_csv('./data/test.csv')
```

House Prices: Advanced Regression Techniques 数据集有 80 个变量描述爱荷华州埃姆斯住宅的各个方面。购房者可以基于此数据集分析各种与房价有关的变量来预测房子的最终价格。

10.2.2 定义问题与观察数据

首先，快速地检阅数据的样貌，如有哪些栏位、数据的大小。

```
1    print(train_df.columns.values)# 检视可以使用的栏位
2    ['Id' 'MSSubClass' ... 'SaleCondition' 'SalePrice']
3    print(train_df.shape)# 检视数据数量
4    (1460, 81)
5    print(test_df.shape)# 检视数据数量
6    (1459, 80)
```

输出前几笔、后几笔数据。

```
1    display(train_df.head())# 检视前5笔训练数据
2    display(train_df.tail())# 检视后5笔训练数据
```

接着，确认数据的栏位与类型。

```
1    # 显示训练/测试数据栏位的类型与空值
2    train_df.info()
3    test_df.info()
```

查看数据的栏位后，分别观察连续与离散的数据。对于连续型数据，须注意其范围；对于离散型数据，须注意其分布。

```
1    # 确认连续数据的范围
2    display(train_df.describe())
3    display(test_df.describe())
4
5
6    # 确认类别数据分布
7    display(train_df.describe(include=['O']))
8    display(test_df.describe(include=['O']))
```

10.2.3 数据清理与类型转换

在数据预处理阶段，第一个必须要进行的项目是“数据清理与类型转换”。其最终的目的是让后续的机器可读、模型可以正确运算。主要需要处理的数据是非数值数据，也就是不可以运算的数据，有字符串和空值两种。Utilities栏位大部分值为AllPub，因无鉴别性，故删除此栏位。

```
1    display(train_df.Utilities.value_counts())
2    train_df = train_df.drop(['Utilities'], axis=1)
3    test_df = test_df.drop(['Utilities'], axis=1)
```

依照数据说明，以下含有NA栏位代表无相对应的值，可补值为通用值None。

```
1    train_df["PoolQC"].fillna("None",inplace=True)
2    test_df["PoolQC"].fillna("None",inplace=True)
3
4    train_df["MiscFeature"].fillna("None",inplace=True)
```

```
5     test_df["MiscFeature"].fillna("None",inplace=True)
6
7     train_df["Alley"].fillna("None",inplace=True)
8     test_df["Alley"].fillna("None",inplace=True)
9
10    train_df["Fence"].fillna("None",inplace=True)
11    test_df["Fence"].fillna("None",inplace=True)
12
13    train_df["FireplaceQu"].fillna("None",inplace=True)
14    test_df["FireplaceQu"].fillna("None",inplace=True)
15
16    train_df["GarageType"].fillna("None",inplace=True)
17    test_df["GarageType"].fillna("None",inplace=True)
18
19    train_df["GarageFinish"].fillna("None",inplace=True)
20    test_df["GarageFinish"].fillna("None",inplace=True)
21
22    train_df["GarageQual"].fillna("None",inplace=True)
23    test_df["GarageQual"].fillna("None",inplace=True)
24
25    train_df["BsmtQual"].fillna("None",inplace=True)
26    test_df["BsmtQual"].fillna("None",inplace=True)
27
28    train_df["BsmtCond"].fillna("None",inplace=True)
29    test_df["BsmtCond"].fillna("None",inplace=True)
30
31    train_df["GarageCond"].fillna("None",inplace=True)
32    test_df["GarageCond"].fillna("None",inplace=True)
33
34    train_df["BsmtExposure"].fillna("None",inplace=True)
35    test_df["BsmtExposure"].fillna("None",inplace=True)
36
37    train_df["BsmtFinType1"].fillna("None",inplace=True)
38    test_df["BsmtFinType1"].fillna("None",inplace=True)
39
40    train_df["BsmtFinType2"].fillna("None",inplace=True)
41    test_df["BsmtFinType2"].fillna("None",inplace=True)
42
43    train_df["Functional"].fillna("None",inplace=True)
44    test_df["Functional"].fillna("None",inplace=True)
```

下面这些栏位跟是与地下室有关的，缺值可能代表没有地下室，数值型以 0 补值。

```
1 for col in ('BsmtFinSF1', 'BsmtFinSF2', 'BsmtUnfSF','TotalBsmtSF',
'BsmtFullBath','BsmtHalfBath'):
2     train_df[col].fillna(0,inplace=True)
3     test_df[col].fillna(0,inplace=True)
```

相同 Neighborhood 的房子有可能有相似的 LotFrontage，故以 Neighborhood 房子的 LotFrontage 来补值。

```
1    all_data = pd.concat([train_df,test_df],0)
2    all_data["LotFrontage"] = all_data.groupby("Neighborhood")["LotFrontage"].
                               transform(lambda x: x.fillna(x.median()))
```

```
3      train_df = all_data.iloc[:len(train_df),:]
4      test_df = all_data.iloc[len(train_df):,:]
```

GarageYrBlt、GarageArea、GarageCars 缺失值代表没有车子和车库，以常数补值。

```
1      train_df["GarageYrBlt"].fillna(-1,inplace=True)
2      test_df["GarageYrBlt"].fillna(-1,inplace=True)
3
4      train_df["GarageArea"].fillna(0,inplace=True)
5      test_df["GarageArea"].fillna(0,inplace=True)
6
7      train_df["GarageCars"].fillna(0,inplace=True)
8      test_df["GarageCars"].fillna(0,inplace=True)
```

MasVnrType、MasVnrArea 缺值代表墙壁可能没有装饰，数值型数据以 0 补值，离散型数据以 none 补值。

```
1      train_df["MasVnrType"].fillna("None",inplace=True)
2      test_df["MasVnrType"].fillna("None",inplace=True)
3
4      train_df["MasVnrArea"].fillna(0,inplace=True)
5      test_df["MasVnrArea"].fillna(0,inplace=True)
```

MSSubClass 缺值代表无房子类型信息，以 0 代替。

```
1      train_df["MSSubClass"].fillna(0,inplace=True)
2      test_df["MSSubClass"].fillna(0,inplace=True)
```

最后几个栏位，利用统计方法进行补值。

```
1      # 补众数
2      MSZoning_mode = train_df.MSZoning.mode()[0]
3      train_df["MSZoning"].fillna(MSZoning_mode,inplace=True)
4      test_df["MSZoning"].fillna(MSZoning_mode,inplace=True)
5
6      # 以下特征只有一笔缺失值数据,以众数补值
7      for col in ['Electrical','KitchenQual','Exterior1st','Exterior2nd','SaleType']:
8           mode = train_df[col].mode()[0]
9           train_df[col].fillna(mode,inplace=True)
10          test_df[col].fillna(mode,inplace=True)
```

最后一步是数据类型的调整，将有序类别字符串转数值（标签编码）。

```
1      from sklearn.preprocessing import LabelEncoder
2
3      all_data = pd.concat([train_df,test_df],0)
4      for col in ['MSSubClass', 'OverallCond','YrSold', 'MoSold']:
5           all_data[col] = all_data[col].apply(str)
6
7      order_cols = ('FireplaceQu', 'BsmtQual', 'BsmtCond', 'GarageQual',
                    'GarageCond', 'ExterQual', 'ExterCond','HeatingQC','Pool
                    QC', 'KitchenQual', 'BsmtFinType1', 'BsmtFinType2' ,
                    'Functional', 'Fence', 'BsmtExposure', 'GarageFinish',
                    'LandSlope','LotShape', 'PavedDrive', 'Street', 'Alley',
                    'CentralAir', 'MSSubClass', 'OverallCond', ' YrSold', 'MoSold')
```

```
8
9      for col in order_cols:
10         le = LabelEncoder()
11         le.fit(list(all_data[col].values))
12         all_data[col] = le.transform(list(all_data[col].values))
13
14     train_df = all_data.iloc[:len(train_df),:]
15     test_df = all_data.iloc[len(train_df):,:]
```

10.2.4 数据探索与可视化

先对统计栏位倾斜程度进行观察，对于倾斜程度较大的栏位，可以对其做正规化，调整数据分布。

```
1      train_df.skew()
2      # id 0.000000
3      # MSSubClass 1.407657
4      # ...
5      # SalePrice 1.882876
6      # dtype: float64
```

接着，对数据做相关性分析，并且使用热点图呈现结果，如图 10.18 所示。

```
1      correlation_matrix = train_df.corr()
2      cols = correlation_matrix.nlargest(10,'SalePrice')['SalePrice'].index
3      correlation_matrix = train_df[cols].corr()
4      plt.figure(figsize = (12,16))
5          sns.heatmap(correlation_matrix,annot=True,xticklabels = cols.values,
                       annot_kws = {'size':20},yticklabels = cols.values)
```

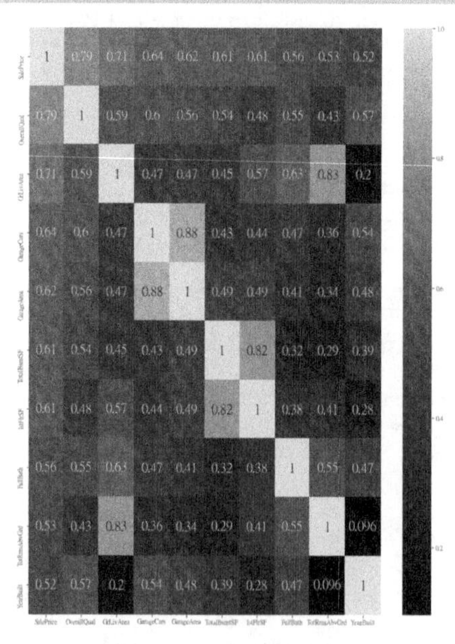

图 10.18　相关性分析

结果显示房屋材料品质、车库空间、地下室面积与 SalePrice 关联度高。

10.2.5 特征工程

在特征工程阶段，针对栏位的特性做一些处理。其目的是将有意义的栏位放大，将无意义的栏位缩小，进而提升数据的可分性。此处，特征工程仅考虑正规化。

```
1     from scipy.special import boxcox1p
2     from scipy import stats
3     all_data = pd.concat([train_df,test_df],0)
4     skew = all_data.skew()
5     skew = skew[abs(skew) > 1]
6     skew_features = skew.index
7     skew_features = skew_features.drop("SalePrice")
8
9     for feat in skew_features:
10        all_data[feat] = boxcox1p(all_data[feat], 0.2)
11
12    train_df = all_data.iloc[:len(train_df),:]
13    test_df = all_data.iloc[len(train_df):,:]
14    train_df["SalePrice"] = np.log1p(train_df["SalePrice"])
```

10.2.6 机器学习

对需要处理的数据稍作整理。

```
1     from sklearn.model_selection import train_test_split
2     cols = set(train_df.columns)-set(["SalePrice"])
3     X = train_df[cols]
4     y = train_df['SalePrice']
5     X_test = test_df[cols]
6     X_train, X_dev, y_train, y_dev = train_test_split(X, y, test_size=0.33,
                                                     random_state=42)
```

最后，使用机器学习包，不特别考虑某一种模型，而是把所有模型都运行一次。

```
1     from sklearn.svm import SVR
2     from sklearn.linear_model import LinearRegression
3     from sklearn import linear_model
4     from sklearn.ensemble import RandomForestRegressor
5     from sklearn.neural_network import MLPRegressor
6     from sklearn.metrics import mean_squared_error
7     # Support Vector Machines
8
9     def apply_classify(model):
10        model.fit(X_train, y_train)
11        Y_dev = model.predict(X_dev)
12        Y_pred = model.predict(X_test)
13        rmse = mean_squared_error(y_dev, Y_dev)
14        return rmse
15
```

```
16    classifier = {'svr':SVR(),
17                  'linear regression':LinearRegression(),
18                  'redge':linear_model.Ridge(),
19                  'RF regression':RandomForestRegressor(n_estimators=100),
20                  'MLP':MLPRegressor(activation='identity')}
21
22    result = {'classifier':[],'rmse':[]}
23    for name,c in classifier.items():
24        rmse = apply_classify(c)
25        result['classifier'].append(name)
26        result['rmse'].append(rmse)
```

最后把结果呈现出来，如图 10.19 所示。

```
1    result = pd.DataFrame(result)
2    result.sort_values(by='rmse', ascending=False)
```

	classifier	rmse
0	MLP	1.660333
4	svr	0.170766
1	RF regression	0.020995
2	redge	0.016454
3	linear regression	0.016258

图 10.19　结果呈现

注：MLP 为多层感知，svr 为 SVM 模型回归的方法，RF regression 为随机森林回归，redge 为岭回归，linear regression 为线性回归，均为机器学习中的回归手段。

10.3　示例应用 3：Quora

Quora 是一个线上问答的平台，用户在 Quora 上可以提出问题或回答问题。Quora 平台上充斥着许多意义不明的假问题，Quora 希望解决这个问题，提升平台的问答质量，保留真正的问题而非假的题目。在 Quora 公开的数据集中，对有问题的内容标记上“假”的标签。

10.3.1　使用数据集与背景

数据是来自于 Kaggle 网站的 Quora 项目或 Quora 网站的公开数据。

```
1    # 引入相关库
2    import pandas as pd
3    import numpy as np
4
```

```
5       # 载入训练与测试数据
6       train_df = pd.read_csv("train.csv")
```

在这个数据集中，可以得到在 Quora 上的问答数据与其是否为假问题的数据。

10.3.2 定义问题与观察数据

载入数据之后，先通过几种常见的策略来了解数据。

- 快速检阅数据样貌。
- 定义数据栏位类型。

首先，快速地检阅数据样貌，如有哪些栏位、数据的大小。

```
1       # 快速检阅数据样貌
2       print(train_df.columns.values)# 检视可以使用的栏位
3       # ['qid' 'question_text' 'target']
4       print(train_df.shape)# 检视数据数量
5       # (1306122, 3)
```

输出前几笔、后几笔数据。

```
1       train_df.head()# 检视前5笔训练数据
```

接着，必须先确认数据的栏位和类型。

```
1       # 定义数据栏位类型
2       # 显示数据栏位的类型与空值
3       train_df.info()
4       <class 'pandas.core.frame.DataFrame'>
5       RangeIndex: 1306122 entries, 0 to 1306121
6       Data columns (total 3 columns):
7       qid 1306122 non-null object
8       question_text 1306122 non-null object
9       target 1306122 non-null int64
10      dtypes: int64(1), object(2)
11      memory usage: 29.9+ MB
```

10.3.3 特征工程与数据探索

在数据预处理阶段，第一个必须要进行的项目是“数据清理与类型转换”。其最终的目的是让后续的机器可读、模型可以正确运算。主要需要处理的数据是非数值数据，也就是不可以运算的数据，有字符串和空值两种。

不过这个数据属于没有空值的数据，因此可以跳过数据清理。可以看到，数据中只有两个栏位——question_text（问题）与 target（是否为假问题）。question_text 属于文字型数据，分析者通常难以直接分析它，需要手动将其转换为可用数据。

- 平均一个问题几个字。

- 平均一个问题有几个字符。
- 平均一个词有几个字符。
- 平均一个问题有几个相异字。
- 平均一个问题有几个字符是大写的。

```
1     def apply_func(f,column):
2         train_df[column] = train_df["question_text"].apply(f)
3         test_df[column] = test_df["question_text"].apply(f)
4
5     ## 平均一个问题几个字
6     apply_func(lambda x: len(str(x).split()),"word_num")
7
8     ## 平均一个问题有几个字符
9     apply_func(lambda x: len(str(x)),"char_num")
10
11    ## 平均一个词有几个字符
12    apply_func(lambda x: np.mean([len(w) for w in str(x).split()]),"word_len")
13
14    ## 平均一个问题有几个相异字
15    apply_func(lambda x: len(set(str(x).split())),"unique_word_num")
16
17    ## 平均一个问题有几个字符是大写的
18    apply_func(lambda x: len([w for w in str(x).split() if w.isupper()]),
              "word_upper_num")
```

target = 0 代表的是 sincere（真）问题，target = 1 代表 insincere（假）问题。针对统计 sincere 和 insincere 的差异，如图 10.20 和图 10.21 所示。

```
1     train_df[train_df.target==0].describe()
```

	target	word_num	char_num	word_len	unique_word_num	word_upper_num
count	1225312.0	1.225312e+06	1.225312e+06	1.225312e+06	1.225312e+06	1.225312e+06
mean	0.0	1.250853e+01	6.887276e+01	4.664509e+00	1.187845e+01	4.588595e-01
std	0.0	6.750694e+00	3.674032e+01	8.192165e-01	5.782985e+00	8.451253e-01
min	0.0	2.000000e+00	5.000000e+00	1.172414e+00	2.000000e+00	0.000000e+00
25%	0.0	8.000000e+00	4.400000e+01	4.111111e+00	8.000000e+00	0.000000e+00
50%	0.0	1.100000e+01	5.900000e+01	4.583333e+00	1.000000e+01	0.000000e+00
75%	0.0	1.500000e+01	8.300000e+01	5.133333e+00	1.400000e+01	1.000000e+00
max	0.0	1.340000e+02	7.520000e+02	4.900000e+01	9.600000e+01	2.500000e+01

图 10.20　sincere 统计

注：图中列名英文为笔者在代码中或数据中指定的名字，实践中读者可将它们替换成自己需要的文字，行名英文中 count 为计数，mean 为平均值，std 为标准差，min 为最小值，max 为最大值。

```
1      train_df[train_df.target==1].describe()
```

	target	word_num	char_num	word_len	unique_word_num	word_upper_num
count	80810.0	80810.000000	80810.000000	80810.000000	80810.000000	80810.000000
mean	1.0	17.277812	98.064163	4.769549	16.037594	0.326284
std	0.0	9.568309	55.186227	0.804980	8.153619	0.896822
min	1.0	1.000000	1.000000	1.000000	1.000000	0.000000
25%	1.0	10.000000	55.000000	4.285714	10.000000	0.000000
50%	1.0	15.000000	86.000000	4.724138	14.000000	0.000000
75%	1.0	23.000000	130.000000	5.200000	21.000000	0.000000
max	1.0	64.000000	1017.000000	57.666667	48.000000	37.000000

图 10.21 insincere 统计

注：图中列名英文为笔者在代码中或数据中指定的名字，实践中读者可将它们替换成自己需要的文字，行名英文中 count 为计数，mean 为平均值，std 为标准差，min 为最小值，max 为最大值。

结果显示 insincere 的句子长度和字数比 sincere 句子还要多，可能是因为 insincere 使用更多的描述词来吸引读者。接着，用图表的方式观察结果，如图 10.22 所示。

```
1      plt.figure(figsize=(8,8))
2      train_df.target.value_counts().plot.pie(legend=True)
3      plt.show()
```

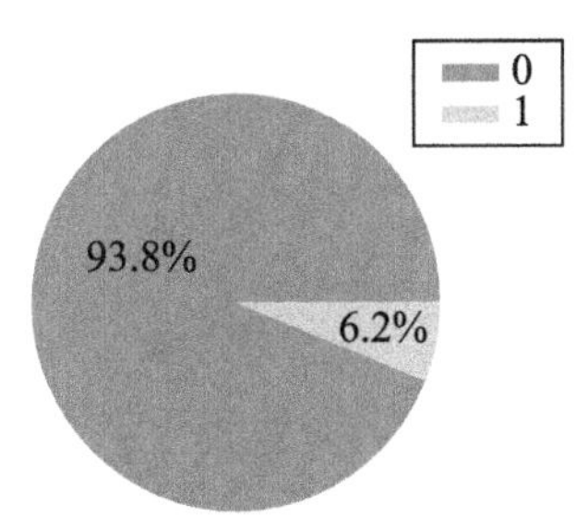

图 10.22 用图表的方式观察结果

结果显示，类别分布数量差异大，大部分的问题都是 sincere 的。最后，可以用文字云（WordCloud）的方式来观察数据，如图 10.23 所示。

```
1      from wordcloud import WordCloud, STOPWORDS
2
3      def draw_wordcloud(text,title):
4          wordcloud = WordCloud(width=800,height=400)
```

```
 5         wordcloud.generate(str(text))
 6
 7         plt.figure(figsize=(24.0,16.0))
 8
 9         plt.imshow(wordcloud);
10         plt.title(title, fontdict={'size': 36})
11         plt.axis('off');
12
13     draw_wordcloud(train_df[train_df.target==0]["question_text"],"sincere question")
14     draw_wordcloud(train_df[train_df.target==1]["question_text"],"insincere question")
```

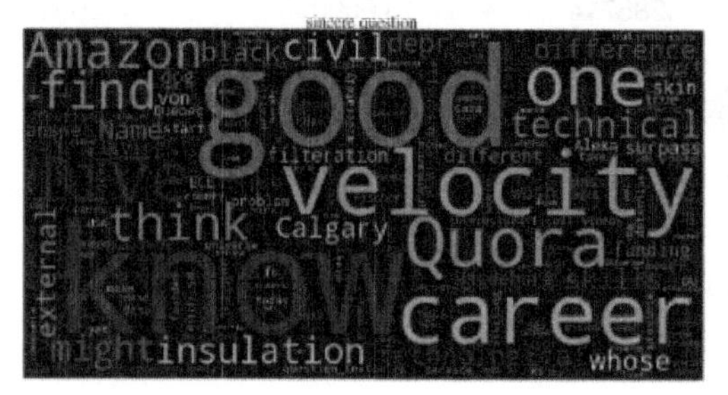

图 10.23　用文字云的方式观察

从结果可以看出，sincere 包含较多正向词，如 good、know 等；insincere 包含较多负向词，如 kill、ashamed 等。